Zoom Microsoft Teams
Google Meet Chatwork

これならわかる！できる！オンラインシフトの教科書

クリエイティブディレクター
木村 博史 著

WAVE出版

ONLINE SHIFT

はじめに　あなたに最適・最良・最高の働き方がきっと見つかる

コロナ禍を背景に一躍表舞台に登場したのが、Zoomをはじめとするオンラインコミュニケーションツールです。

私は、オンラインコミュニケーションツールを利用したイベントなどの配信にかなり早い時期から携わってきたので、そのキャリアは17年を超えました。

ですが、つい数年前までは「Zoomでイベントを生中継しています」「Webexで入社式を全国の支店に生中継しています」と私の会社の事業内容について話しても、半数以上の方が「?」という反応でした。

２０２０年、生活が根本からひっくり返り、状況は大きく変わりました。「では、Zoomで」「弊社、Teamsなんですが使えます?」など、オンラインコミュニケーションツールが日常生活のキーワードになりました。これらツールの隆盛については、前著『動画で稼ぐ仕事術』(WAVE出版)に委ねるとして、この本では「どう対応したら、働き方をどう変えられるのか?」にフォーカスしていきます。

第1章は**「変わる生活で代わる働き方」**。私たちの生活はコロナ禍が続くことで大きく変容しました。生活が変われば、対応する商品やサービスも変わります。淘汰され、消えていくものもあれば、新しく生まれるものもあります。やわらか頭でこの淘汰を乗り越え、「代わる」働き方に対応できるように整理しておきたいことを本章でまとめました。

第2章は**「自分に合ったWebツールの探し方」**。Zoomだけではなく様々なWebコミュニケーションツールのサービスがあります。どのサービスが自分に合っているのかわからなくなっていませんか。この章では、自分に合ったものやTPOに合わせたサービスが選べるよう、各サービスの目的や特徴からアプローチしてみました。

第3章は**「働き方を変える道具の探し方」**。カメラとマイクを準備すればZoom等でミーティングもできますが、目的に応じた映像の撮影を可能にする道具が次々と発表されています。これらの道具は料理の調味料のように、映像にいろいろな味つけもしてくれます。本章では、ワークライフシフトを加速させたり、クオリティアップができる道具（ガジェット）をご紹介します。

第4章は**「働き方をシフトするインテリア」**。在宅ワークに慣れてくると、だんだん「映り」が気になってきます。背景が単調になっていないか、部屋の奥行きをみせて立体感を出せているか……など。バーチャル背景での合成だけでなく、実際のインテリアコーディネートで、より魅力あるオンライン化の実現を目指します。

第5章は**「働き方をシフトするセルフブランディング」**。背景のみならず「自分自身」の映り方も重要です。見栄えに気を配る女性が多いのはもちろんのこと、最近では男性も顔のテカリをファンデーションで防ぐなど、見た目への関心が高まっています。本章では男女問わず、映り方の工夫で、好感を高める方法をお伝えします。

第6章は**「【仕事・目的別】オンラインへの切り替え術」**。業種別にオンライン化できる方法を検討しながら、具体的なワークライフシフトがどのようなものかをまとめました。仕事のシチュエーションからコミュニケーションの方法、必要な機材まで、コンパクトにまとめてあります。自分の業種はもちろんですが、他業種のページにもぜひ目を通してください。業種は違っても趣旨は同じです。取り入れられるものもきっとあるはずです。

第7章は**「これから変わる働き方のキーワード」**。本章では、会社が決めた時間や場所のルールに沿って働くことに信頼の基準があった時代から、どれだけ成果を残せたか？という考え方が主流になる時代がやってきたことを様々な角度から分析します。「ワーケーション」など、旅行と仕事を両立させるなどの新たなコラボレーションもどんどん発生しています。ワークライフシフトを考えるために必要なキーワードをしっかりと紐解いていきます。

ワークライフシフトは十人十色なので、対応も十人十色。

最短かつ効率的な働き方の実現のためには、コツをつかみ、同時にトレンドにも気を配りながら、変化を楽しみ続けることが重要です。

この本にあるたくさんのヒントの中から「使えそう！」と思ったものをぜひ実践してみてください。きっと、あなたならではの最適・最良・そして最高のワークライフシフトが実現するはずです。

オンラインシフトの教科書　目次

第1章

変わる生活で代わる働き方

第２章

自分に合ったWebツールの探し方

第３章

働き方を変える道具の探し方

第6章

【仕事・目的別】オンラインへの切り替え術

第7章

これから変わる働き方のキーワード

ブックデザイン　トヨハラフミオ（As制作室）
執筆協力　柴田恵理
図版　4人会（山崎修、山科章子、春田玲子）
DTP　NOAH

第1章

変わる生活で代わる働き方

変わる生活をチャンスにつなげる「代わる働き方」

２０２０年、私たちの生活は大きく変わりました。

人と会う、話す、接客する、集客する、教えるなど、これまで当たり前のようにやってきたことができなくなりました。

「３密」（密閉、密集、密接）を避ける、ソーシャルディスタンスをとる（人と距離を置く）、不要不急の外出を控える（なるべく人と会わない）など、制約が多いなかどう仕事を進めていくか、収入を得るか。仕事内容や働き方にも変化が求められるようになったのです。

国でも企業の「事業シフト」を支援する流れがあります。

中小企業庁は、コロナ禍に生き残るための事業再構築支援を目的とした「事業再構築補助金」制度をはじめました。

日本に本社を持つ中小企業、中堅企業を対象に、新分野展開、事業転換、業種転換、業態転換、事業再編など、事業の規模に応じて、最大６０００万円（中小企業から中堅または大企業に成長する事業者には１億円）までの支援が受けられるというものです（２０１２年６月時点）。

中小企業庁「事業再構築補助金」サイト
https://jigyou-saikouchiku.jp/

ふたつの「変化」

ところで、働き方の「変化」には大きくふたつあります。**「業態変化」**と**「対応変化」**です。

業態変化は、たとえば飲食店からＩＴ業界などまったく別の分野に転身すること。

対応変化は、飲食店なら、業態はそのままに、イートイン中心からテイクアウト中心に方法を変えることです。

今、すべての仕事において求められているのは、**「対応変化」**です。

営業、接客、サービス、イベント、講座・セミナー、塾……など、これまで人と人とのつながりでリアルに行なってきたものを、いかにオンライン化していくか？
それがカギになってくるのではないでしょうか。

私自身、以前は講師や撮影の仕事などで、毎日のように日本全国を飛び回っていましたが、このコロナ禍でそれができなくなりました。

「できないから」とこれまでの活動をストップしてしまったら、仕事を変えるしかありませんでしたが、それを救ったのが「オンライン化」です。

Zoomをはじめとする Web コミュニケーションツールやガジェットを活用することで、売上を減らすことなく事業を継続する道をつくることができたのです。

「でも、オンライン化といっても、何からはじめればいいかわからない」という声をたくさんの方から聞きます。オンライン化に取り組む時に重要なのは、まず、今までやってきたことをすべてオンラインに移行するのではない、ということです。

従来通りできるところはそのままに、オンライン化すべきところのみ移行していく。

つまり、**働き方の方法（Way）を変えていけばいい**のです。

つい、「オンラインか否か」という0か100かで物事を考えてしまいがちですが、それではうまくいくものもいきません。

既存の仕事の一部をオンラインに置き換える。

それこそが、「できない」を「できる」に変えるコツです。

大手・中小の成功事例

チェンジをチャンスに

ネットワークコミュニケーションについて言えば、今は変化の真っ只中。まさに過渡期です。どれが正解なのか?どの方向に進んでいくか?は見えていません。

「Zoom はセキュリティが危ない」というニュースが流れると、Zoom は危ないから使わないの方向に流れる。「Teams も危ない」という情報を聞くと今度は Teams を避ける方向に流れる。混沌とした世の中、よくわからないことも多く、混乱しますよね。

でも、こういう時期だからこそ自分が信じたものを使うことでチャンスを得ることもあります。

2020年は上場企業の多くが決算説明会や株主総会をオンライン配信に切り替えました。どのプラットフォームを使用するかについてはほとんどの企業が二転三転するなか、ある大手自動車メーカーではZoom採用を早々に決定し、最後までそれを貫きました。

ほかの企業は業者が変わるたびに資料をつくり直し、新たに打ち合わせし……と時間もコストも大きく費やすなか、そのメーカーは時間も労力も結果的にコストも節約することができ、多くのアドバンテージを得ることができたのです。

また、九州の老舗ラーメン店では、実店舗での売り上げが見込めなくなったので、テイクアウトと全国への通信販売に切り替え、合わせてZoomを利用して「ラーメンのつくり方」をレクチャーすることにしました。

店で実際に行なっている麺のおいしいゆで方のタイミングやコツ、スープのつくり方、ネギ・ナルトなど具を入れる手順などをリアルタイムで実践して見せたのです。

そこで「食べてみたい」という気持ちを高めたことが、購買につながりました。

オンラインレクチャーが潜在的顧客をつくる「種まき」の役割を果たしたといえるでしょう。


ここで重要なのは、オンラインで作り方のレクチャーを不特定多数に配信することではなく、視聴者を特定し、連絡が取れる「顧客メールアドレスの取得」です。

通販にシフトし、顧客名簿をつくるうえでメールアドレスは大切ですが、それを嫌味なく集めることができます。このラーメン店では通販のリピーターも増え、コロナ禍による店舗自粛期間中も売り上げを伸ばすことができました。


このように、オンラインを取り入れることで業績を伸ばすこともできるのです。

Zoomは改善

オンラインのセキュリティ

オンラインでの一番の心配といえば、やはり「セキュリティ」ではないでしょうか。

2020年4月には、いわゆる「Zoom Bombing」問題が起こりました。Zoomでオンラインミーティングや飲み会をやっていたら、知らない人が突然乱入してきた、というものです。「だから、Zoomは怖い。使わないほうがいい」という情報が一気に流れました。

けれども、この理由の多くはヒューマンエラー（人的失敗）によるものでした。

イギリスのジョンソン首相も同様の問題を起こしたことでニュースになりました。オンライン会議の画像をSNS（Twitter）にアップしたところ、写真の中にZoomのPMI（パーソナル・ミーティングID）という、個人に割り振られた電話番号のようなZoomでのIDが映り込んでいたため、多くの人がそのIDにアクセスしたのです。

これはZoomのセキュリティの問題というより、そもそもSNSにPMIをあげたこと自体が原因です。現在は解消されていますが、当時、Zoomでは一度PMIを設定すると変更できない仕様でした。そのため、その人のPMIがわかれば、その人が催すあらゆるミーティングに潜り込むことができたのです。

たとえば、Aさんがオンライン飲み会を主催し、PMIをTwitterに貼りました。AさんのPMIを知ったBさんが飲み会だけでなく、後日Aさんが仕事の打ち合わせをしているときにも入り込んできた、というのがZoom Bombingの事の顛末です。

現在はPMIを自由に変えられるようになりましたし、各国によって設定は異なりますが、日本の場合、経由する国やサーバーも選べます。もし中国経由やアメリカ経由が心配な場合はその国をチェックからはずせば経由しません。

ちなみに、日本の仕様では中国や香港はデフォルトではずれています。

私は日本のクラウドを通してZoomにつながる設定にしています。

Zoomで自分がどこの国のサーバーに接続しているかは、Zoom参加中に「インフォメーションマーク」から「データセンター」をクリックすると見ることができます。

目的からプラットフォームを考える

大手自動車メーカーでは、2020年の決算説明会をオンラインで行ないました。決算説明会は機関投資家と一般投資家が対象です。両者のニーズを考えながら、プラットフォームを変えて配信しました。

機関投資家とは双方向のコミュニケーションが取れるよう、Zoomのウェビナー方式を利用。質疑応答でひとりの参加者を指名し、指名した時だけ参加者がマイクを使用することができるようになる機能を利用し、質問にはその場で役員が返答しました。

一方、一般投資家向けにはYouTubeライブで配信。質問はYouTubeのチャットを送ると社員が対応する形を取りました。

今回は、双方向のやり取りが必要だったのでZoomとYouTubeライブを利用しましたが、もし一方的に同時配信するのであればYouTubeライブだけでもいいでしょう。

このように既存のパターンにとらわれずに、何がしたいか?という「目的」からプラットフォームを選ぶことも大切です。

店・学会・サラリーマン

リアルとオンラインを比較する

では、実際に今までやってきた仕事をいかにオンライン化することができるか?を考えてみましょう。

そのためにはまず、リアルとオンライン、それぞれの業務や作業を1枚シートに書き出し、比較してみることがおすすめです。

まずは、今、リアルに行なっていることを具体的に紙に書き出します。

たとえば、ラーメン屋なら……

①　材料の仕入れ
②　材料の調理
③　開店（のれんを出す）
④　注文を取る
⑤　調理する
⑥　配膳する
⑦　精算する
⑧　閉店（のれんを入れる）
⑨　会計を閉める
⑩　ゴミを出す

が主な流れになるでしょう。

すべて書き出したら、次に、それらをオンラインに置き換えることができるかを、一つひとつ分析していきます。左にリアル、右にオンライン化の対照表を作成するのです。

オンラインを軸に、作業の効率化を考えましょう。

作業の途中で、慣習的にやっていたけれど、本当にこの過程は必要？と思える項目や、オンライン化するとそもそもなくなる項目も出てくると思います。

この整理から業務の効率化が図れることも多々あります。

別の事例として、医師や製薬会社などが行なう「学会」や「勉強会」の場合で考えてみましょう。まず全体会があり、次に分科会にわかれ、最後に全体会で終わる、という流れがあります。

これをオンライン化するにはどうすればいいでしょうか？

全体会はZoomミーティングで、分科会ではZoomのブレイクアウトルームを利用して小部屋に振り分けてもいいですし、Webページを1枚作成し、そこに分科会の数だけZoomのミーティングルームのリンクを貼り、各自、参加する分科会のリンクをクリックしてもらうのも、ひとつの方法です。展示会のブースのようなイメージです。

これを応用すれば、バーチャル展示会も開催できます。

もうひとつ、「オンライン化が難しい」という声をよく耳にする、管理部門のサラリーマンの場合はどうでしょうか?

たとえばZoomのリモート制御機能を利用すれば、自宅から会社のパソコンを遠隔操作することで、経理ソフトへの入力も可能になります。専用ソフトを利用しているために出勤しなければならなかった経理担当の方もリモートワークが可能になるのです。

意外と知られていない機能ですが、使えると非常に便利です。

機能は「ブレイクアウトルーム」か「リモート」のどちらかを選べるようになっています。

このようにリアルとオンラインを1枚のシートで比較し、作業を細分化して考えることで、「できること」と「できないこと」が明確になってきます。

セミナー・入社式

オンラインにしたときの状況を想像してみる

次に、オンラインで行なったときにどうなるか?を想像してみます。

よく主催者側から「(コロナ禍前の)去年と同じことをしたい」という要望をいただくのですが、作業自体が不要になるものもあるからです。

たとえば、リアルの学会や招待セミナーなどでは、招待客に招待状を郵送していましたが、オンラインの場合はリマインドメールの一斉送信で事足ります。

また、現場に集まりませんから、お昼の弁当も不要です。

セミナー開催後の懇親会はどうでしょう? セミナーをウェビナーで開催し、懇親会はミーティングに切り替えるという方法があります。懇親会にも出席する人はウェビナー終了後、新たにミーティングのＵＲＬをクリックすると参加できる仕組みです。懇親会に参加しない人はウェビナーだけ出席後、退出して終了です。

リアルな名刺交換はできませんが、懇親会でカメラに名刺を映してもらい、それをキャプチャーすれば、バーチャル名刺交換も可能です。

人材派遣会社のオンライン入社式と懇親会を手がけた際、入社式はZoomのウェビナー、懇親会はミーティングを利用しました。

懇親会では、事前にブレイクアウトルームをつくってメンバーを振り分け、社長が順番に部屋を訪問する形を取りました。

そこでは、リアルと同じような盛り上がりを見ることができました。

そのあとには、社内の部活紹介があり、各ブレイクアウトルームにゴルフ部、テニス部などが順番に訪れてプレゼン。

ウェビナーの配信は我々が請け負いましたが、第二部のミーティングは社員のみなさんだけで配信。行事の重要度によって運用チームを使い分けました。

このように、オンライン化したときに必要なこと、不要なことを考えていくと、業務、作業、人件費、機材、事務所の家賃、交通費など、あらゆるお金のかけ方において一番効率的な流れが見えてきます。

何にお金をかけるのか？　何を外注するのか？　自分たちでできることは何か？

もしかすると、これまで慣例としてやってきただけで、実はリアルでも不要なこともあるかもしれません。それを見直すことが経費削減にもつながってくるでしょう。

リアルとオンライン、どちらが得？

「オンラインは実際には会えないし、コミュニケーションを取れないから損だ」という考えや「オンラインは会場費もかからないから安あがりで済む」という考えの２つをよく聞きます。

実際、リアルとオンラインはどちらが得でしょう?

まずは、オンラインのメリットから考えてみたいと思います。


メリットのひとつは、**録画が簡単に残せる**ことです。

私が開催するスクールでも、オンライン化にあたっては録画を3カ月間自由に閲覧できることを差別化のポイントにしました。

期間内であれば、何度でも繰り返し視聴できるので、観ながら復習も実践もできます。


では、オンラインのほうが安くあがるでしょうか。

企業から問い合わせをいただく際によく質問されますが、**極端に安くあがることはありません**。

イベントの大きさにもよりますが、私の感覚で言えば大きなリアルイベントの場合、**約30~40%減**くらいです。実際には、演出面においてこれまでと同じ方法を踏襲しようとしたり、リアルに近い演出を目指してディテールをつくり込んだりすると、逆に費用が高くなることも多いです。

パソコン○台に配線、マイク、サポートが参加者１００名に対して○名だから、全部で△名……と積算していくと、意外と費用がかさむのです。この部分については、先にお話しした「オンラインにしたときの状況を想像してみる」ことが大切です。

ゲストはリアル出演か?リモート出演なのか?リモート出演の場合、どう対応するか?ゲストがZoomなどのWebコミュニケーションに慣れていない場合には、カメラなどの機材を送る必要も出てくるでしょう。高画質録画配信できるWebカメラやライト、ヘッドホンなどのリモートキット一式を送ることもあります。ゲストの数が多ければ、その分費用もかかります。

司会用のカメラやマイクは?そのサポートをどうするか?など、詳細を具体的にシミュレーションしていくと概算が見えてきます。

我々が配信を請け負う際には、先のリアルとオンラインの比較表のように、項目ごとの詳細を明記した見積書を出しています。

そう考えると、オンラインが損か得か？ではなく、**本当はオンラインをやるのとやらないの、どちらが損か得か？**を考える必要があるといえるでしょう。

私の場合でいえば、オンラインスクールを行なったことは、結果的に得でした。全国から参加者を募ることができるようになったからです。それまでは、各地域で受講希望者が5人集まったらスポット的に訪問して、スクールを開催する形を取っていました。オンラインにしてからは、工務店5名、美容院5名というように、業種ごとにスクールを開催することができるようになりました。北海道の工務店さんや沖縄の工務店さんがエリアを超えて集い、同業者のつながりを持てると好評です。

リアルでスクールを開催できなかったことは損でしたが、業種チャネルごとのオンラインスクールが開催できるようになったことが得になりました。

コロナ禍で損も被ったけれど、オンライン化したことで得を得られ、トータルで考えると失うもの以上に得るものが多かったということです。

いずれにしてもオンラインだから一概に安くなるとは思わないほうがいいですし、逆にリアルだから高くつくとも限りません。

どうせ自分の業種ではムリ!?

やわらか頭でハイブリッドやブレンドを考えてみる

ここまで、「リアルかオンラインか、100か0かで考えるのはやめましょう」、というお話をしました。これだけコロナ禍が長くなり生活様態の変化が定着しようとしている中では「部分的」が重要です。**ハイブリッド型やブレンド型を心がけてみましょう。**

ハイブリッド型は、リアルとオンラインの並行動作です。

運営側はリアルとオンラインを両方用意し、参加者（ユーザー）の都合に合わせて、どちらかを自由に選択してもらうという仕組みです。

たとえば、リアルのセミナーを開催し、Zoomでもオンライン配信します。セミナーを訪れたB子さんは子どもを保育園に迎えに行く時間になったので途中退席することになりました。残りは子どもを寝かしつけたあとにオンラインで視聴することが可能です。

つまり、半分リアル、半分オンライン。

私も出張時には、オンラインとリアルを取り混ぜながら会議に出席します。これもまたハイブリッド型です。

車で移動中の際は、Zoomの「安全運転モード」で、会議の音声だけ聴きながら。

電車内や飛行機内では、イヤホンで会議の音声を聴き、発言はチャット。

現地に着いたら、リアルに会議に参加です。

これならば、移動しながらでも会議に出られます。

合わせ技で不可能が可能になるのです。

ブレンド型は、リアルとオンラインを取り混ぜるという方法。

今、テレビ番組では定番となりつつあるスタイルです。スタジオにいるタレント、司会者の隣にモニターが設置してあり、そこにオンラインで参加しているタレントが、あたかもリアルに座っているかのように映っているのを観る機会が多いでしょう。これがブレンド型です。

セミナー会場に人を集めてリアルに開催し、３人登壇するうち、２人はリアル参加、１人はZoomでオンライン参加し、それを会場でスクリーンやスピーカーにつなげて話を聴く形です。今後シンポジウムなどでもブレンド型は増えるのではないでしょうか。

１対１でZoomミーティングをつなぎ、それをプロジェクタースクリーンで複数と共有する方法（Ｐ２Ｐ方式）もあります。

時と場合でツールを変える

オンラインを使うようになると、つい「Zoomを使うには……」と手段から考えがち。ですが、本来は「何をするか？」から何を使うかを決めることが大切です。やりたいことから逆算して考えていきましょう。

打ち合わせの際、音声だけでいい場合や、ネット環境が悪いときには、Zoom をビデオオフにすれば電話と同じように使えます。ＩＰ電話を利用している場合には電話音声での参加も可能です。単純に電話での打ち合わせもありでしょう。

話しながら資料を共有したいなら Zoom がいいでしょうし、短い言葉のやりとりならチャットで十分事足ります。

Zoom の日本法人ズーム・ビデオ・コミュニケーションズ・ジャパンの佐賀文宣社長は私と対談した際に「謝罪する場合はリアルが絶対」だとおっしゃっていました。

実際、謝るのに Zoom は使わないですよね。電話を一本入れてから即相手のもとへお詫びに走るのではないでしょうか。

これは会いに行ったほうがいいコミュニケーションだからです。

先日、地方に本社がある大手メーカーの決算説明会を請け負いましたが、社長へのプレゼンはもちろん現地に赴きました。初対面ではできればリアルに会って挨拶をしておきたいし、現地スタッフとも打ち合わせをしたかったからです。

でも、当日は運営だけで、どこからでも十分事足りることなので、東京からZoomミーティングを使って遠隔操作しました。

このように、「何があっても絶対オンライン」ではなく、時と場合によってコミュニケーションツールを柔軟に使い分けていくことが大切です。

やりたいことをかなえるサービスを探す

オンラインにおけるプラットフォームも目的に応じて変えていく必要があります。

たとえば、広く拡散、宣伝したいのに、ＳＮＳのYouTubeではなくWebコミュニケーションツールのZoomを使っていたり、特定の人にアプローチしたいのにYouTubeを利用したりしている場合が非常に多いように思います。「やりたいこと」からサービスを探していくことで、最適なプラットフォームを見つけることができます。

よく「Zoomで集客を」といううたい文句を見るのですが、Zoomは集客ツールではないので、実際には契約や購買のクロージングのことを言っているのではないかと思います。

Zoomはコミュニケーションツール。集客に利用するというのは、3人で行なっている打ち合わせがSNSで話題になっているのと同じこと。

拡散したいのなら、YouTubeライブなどのSNSを使えばいいのです。

ワークライフシフトしていくうえで重要なのは、**「どんな仕事にもオンラインを取り入れることができる」という大前提から考える**ことです。

「美容院だから、オンライン化は難しい」「飲食店はリアルをサービスする場だから仕方がない」とばっさり切り捨てないことです。

これまでリアルをメインにやってきた仕事でも、オンライン化できることは必ずあります。「自分の仕事では使えない」とあきらめるのではなく、「何ができるだろう」と考えることからはじめてみましょう。

それによって、今まで手を付けていなかったチャンスに気づく可能性も多々あります。

みんながでいないと言っているときこそ、一歩抜きん出るチャンスなのです。

第2章

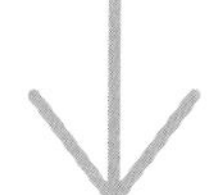

自分に合った Webツールの探し方

Webコミュニケーションツールを比べてみる

Webコミュニケーションという言葉は耳慣れないかもしれませんが、LINEやZoomは使ったことがある、という方も多いのではないでしょうか。

Webコミュニケーションは対面や電話に代わるものとしてつくられたもので、Zoom、Microsoft Teams、Cisco Webex、Google Meetなどがあります。

どれを使うかは、自分の好みに加えて、相手が利用している「プラットフォーム」に合わせられると理想的です。

それぞれについてはまた説明しますが、自分がMicrosoftをよく利用しているならMicrosoft Teams、Googleのアカウントを持っているならGoogle Meet、会社でCiscoのシステムを利用しているならWebex、プライベートの延長のように仕事をしたいなら

LINE……という選び方もあるでしょう。

どれを利用しようか迷うかもしれませんが、これからは目的に合わせて選択する時代です。

「せっかくだから話をしながら顔も見たい」という程度であれば、Facebookメッセンジャーのビデオ通話や、iPhoneなど・iOS端末同士ならFaceTimeでも十分事足ります。会話を記録して残しておきたい、資料を画面共有したいという目的があればZoomやWebexを選びます。

たとえば、主婦層のコミュニティに営業するなら、LINEでグループをつくるのが向いています。

主婦層になじみのあるプラットフォームはLINEです。WebexやTeamsを使いこなしている人はいても少数なので、その2つではコミュニケーションに苦労しそうです。

逆に、企業の商談にLINEを利用するのは場にそぐわないでしょう。

かっちりしたミーティングにラフなプラットフォームを利用するのは、たとえるならフォーマルなパーティにストリートファッションで行ってしまい、浮きまくるのと同じようなことです。

ファッションと同じくプラットフォームもTPOに合わせることが大切です。

コロナ禍でオンラインキャバクラが流行りましたが、Zoom や LINE で流行してもWebex では見たことありません。もともとキャバクラ嬢のコミュニケーションツールがLINE だったことや、キャバクラが法人ではなく個人に対してアプローチをするものだからです。そのため、法人向けのイメージが強い Webex や Teams ではなく、個人ユースのイメージが強い Zoom や LINE が選ばれたのでしょう。

みんなが Zoom を使っているから Zoom にしよう、とか、本屋さんに Teams の本がたくさん並んでいるから Teams を使おうではなく、自分と自分の仕事に合ったものを見つけましょう。

プラットフォームのサービス比較

次からは、各プラットフォームの特徴をご紹介していきたいと思います。

Cisco Webex

Webex は個人向けにも利用できますが、どちらかというと企業向けです。

個人ではWebで登録してWebex meeting の無料プランを利用することができますが、法人アカウントはオンラインでは申し込めず、代理店を通して行ないます。

ミーティング、イベントセンターはそれぞれ別契約。それぞれ電話サポートを契約できるようになっています。テレフォンセンター用に販売しているツールもあります。

金額は少し高めですが、最近は「スモールオフィスパッケージ」など、中小企業向けのものもあります。

もともとＩＰ電話を含めたサーバーネットワークの老舗でリーディングカンパニーが行なうサービスなので、セキュリティはしっかりしています。

また、世界中の多くのコミュニケーションプラットフォーム会社を買収してきたため、外資系大手ではCiscoを導入しているところが多く、そのような会社ではWebexも利用しやすいでしょう。

以前は使い方がわかりにくく「つなぎ方がわからないので教えて」という問い合わせも多かったのですが、最近はインターフェースもずいぶん使いやすくなってきました。

とはいっても、利便性という面から言うとZoomなどには劣るかもしれません。

Microsoft Teams

Microsoft の Teamsは、メーラーにアウトルックを利用している、OneDriveなどのクラウドサービスを使っているなど、Microsoft「office」を管理の柱にしている場合などには使いやすいでしょう。

ワードやエクセル、パワーポイントなど「office」との相性がいいことが魅力です。

またWindowsのパソコンを使用していると、自動的にTeamsのインストールを推奨されるなど、手に入れる機会も多いでしょう。

ただ、使い勝手の面では少し癖があり、インターフェースもシンプルすぎるので、Zoomにくらべてわかりにくく、はじめは戸惑うかもしれません。

Teamsはもともと企業向けですが、少しずつ個人ユースも広がってきました。ベースをたどるとSkypeに行きつきます。かつて、企業向けに「Skype for Business」がありましたが、これはLyncを買収して名前を変えたもので、個人向けのSkypeとはシステム含めて別ものです。それをMicrosoftがTeamsに統合したのです。

もともと、Skype for Businessは部署ごとにグループ管理できるところがメリットでしたが、Zoomでも同じくグループ管理ができることから、ユーザビリティ重視でZoomに移行するところとTeamsに移行するところに分かれました。

社内はTeamsで社外はZoomと使い分けている会社もあります。

Google Meet

Googleのサービスのひとつなので、Googleのアカウントを持っている人は簡単につながります。GmailやGoogleカレンダーなどを利用している人はかなり多いですから、潜在的ユーザーも多いのではないでしょうか。Googleハングアウトをこれまで使ってきた方は移行も簡単でしょう。

Zoomと同じく個人で多く使われるアプリになっているところも大きいです。

使い勝手は、Teamsよりはいいですが、Googleの提供するサービスは基本的に「使って覚えろ」というところがあるので、懇切丁寧な説明はありません。

そのため、使い勝手には個人差が出てくるかもしれません。

LINE

特に日本では個人向けに広く使われているWebコミュニケーションツールです。

家族や友達とのやりとりはLINEを使用している人が多いと思います。

逆に、プライベート色が強くて、ビジネスユースの「LINE WORKS」の利用者は伸びませんでした。個人情報が管理されているため、ビジネスとプライベートを分けにくいことも理由のひとつでしょう。

私の感覚では、Webex や Zoom の企業アカウントを使う人と LINE を使う人とは属性がまったく異なるように思います。

個人事業主で公私の差があまりないような人や、ビジネスもプライベートの延長のように、仲間でわいわい盛り上がりながらビジネスにつなげていくようなやり方の人には合っていると思います。

たとえるなら、Webex はかっちりした金融機関系の会議、LINE は気軽に雑談するイメージでしょうか。

Discord

Discord はオンラインゲームのコミュニティです。

ゲーム配信の世界でもオンラインコミュニティでライブ配信をするのが今の主流です。

ゲーム画面を共有しながらチャットなどができます。

ビジネスユースではあまり利用されていませんが、このDiscordを利用しスレッドを立てれば、実は誰でも無料でオンラインサロンを開くことができます。

余談になりますが、このコロナ禍で大流行したゲーム「あつまれどうぶつの森」のプラットフォームはNintendo Switchなので拡張性はありません。ですが、たとえば「フォートナイト」などはオンラインゲームなので、場所に縛られません。Nintendo Switchでも遊べますし、Discordなどでも盛り上がることができます。

今後、オンラインゲームの需要がさらに伸びると、プラットフォームにも変化が出てくるでしょう。Zoomがアップデートで音楽配信機能を追加したのは、Discordを意識したところもあるかもしれません。

Zoomでかなえるワークライフシフト

Zoomはこのコロナ禍で個人にも広く使われるようになりました。個人向けから企業ユースまで比較的幅広く利用されています。拡張性のあるプラットフォームです。

随時実施されるバージョンアップでは、個人向けの機能を拡張しています。

たとえば、「オリジナル音声」「高音質配信」（High Fidelity Audio Mode）ができるようになりました。１６２ビットレート（bps）というＤＶＤ作成の際に使用するような高音質で発信できます。

そのため、学校の音楽の授業なども、音にこだわってできるようになったのです。

❶ミーティングでかなえられること

Zoomミーティングでかなえられる一番いいことは、**距離を超えたコミュニケーション**

がはかれる、ということでしょう。

これまで出張しないと会えなかった人とも瞬時にコミュニケーションを取れます。

たとえば、東京にいながらにして、九州、北海道や世界中の人たちと、顔を見ながらリアルタイムに話すことができるようになりました。

「ミーティング」という言葉は「会議」と訳されることが多いですが、

meeting＝「meet」(会う)＋「～ing」(進行形)

実は「会うこと」すべてを指します。

会議以外の道端での世間話も立派なミーティングなのです。

ビジネスは基本的に会って話をすることで生まれるもの。

その手段のひとつにZoomが加わりました。

リアルに会えないから人とのコミュニケーションが取れない、ではなく、**手段を変えて**

コミュニケーションを取ることが、これからの時代に求められるようになったということです。

リアルに会う、メール、FAX、電話という、つながる手段にもうひとつ「Webコミュニケーションツール」が加わり、選択肢が増えました。

初回はリアルで名刺交換し、2回目からはWebコミュニケーションで。相手が「今、わざわざ会うのは……」と考える場合には、初回からZoomでもいいでしょう。ミーティングによって、相手と会える機会が増え、ビジネスに幅ができるということです。

❷ウェビナーでかなえられること

Zoomのウェビナー機能は、有料プランで利用できる機能です。

セミナー開催が簡単にできるのが特徴です。

ウェビナーはシンプルに、ホスト（運営側）がゲスト（参加者）に対して細心の注意を払いながら運営することができます。**ゲストのプライバシーも含めたセキュリティ管理を**

しながら、リアルのセミナーで行なっていることを、より忠実にオンラインに置き換えていく。その特化型サービスです。

ミーティングはホスト（主催者）とゲスト（参加者）の立場が、ほぼ対等です。それに対して、ウェビナーはホスト（主催者）がゲスト（講演者）を招待するという意味で、ゲストのほうが上の立場。失礼があってはいけない、というところがあります。それを重視したのがウェビナーです。

また、**ウェビナーでは講演中のマナーも管理できます**。ミーティングの場合、チャット機能をフルにしていると参加者がホストの知らないところで別の参加者に営業するようなこともあります。リアルで言えば、講演中に参加者が隣の人にしゃべりかけるのと同じ行為と言えるでしょう。

ウェビナーでは、チャット機能の制御ができるので、このような事態を防ぐことができます。

仲間とはLINEじゃNG?

働き方をシフトするアプリケーション

❶チャットワーク

チャットワークは日本のChatwork社が開発したビジネスチャットツールで、案件やタスクごとにメンバーを選択し、タスク管理ができる、便利なツールです。操作しやすいインターフェースなので、初心者でもすぐに使えます。

無料プランでも、14のグループチャットができるほか、1対1のビデオ・音声通話が可能です。有料になると、グループチャット数は無制限、複数の人とのビデオ・音声通話が可能。チャットからZoomを立ち上げることもできます。社内、外注先を問わず、タスクに携わる関係者同士で簡単にビデオ・音声通話ができるので非常に便利です。

ChatworkとZoomの連携方法

1.チャットワーク画面右上名前脇にある▼から「サービス連携」を選ぶ

2.「外部連携サービス」からZoomを「有効」にする

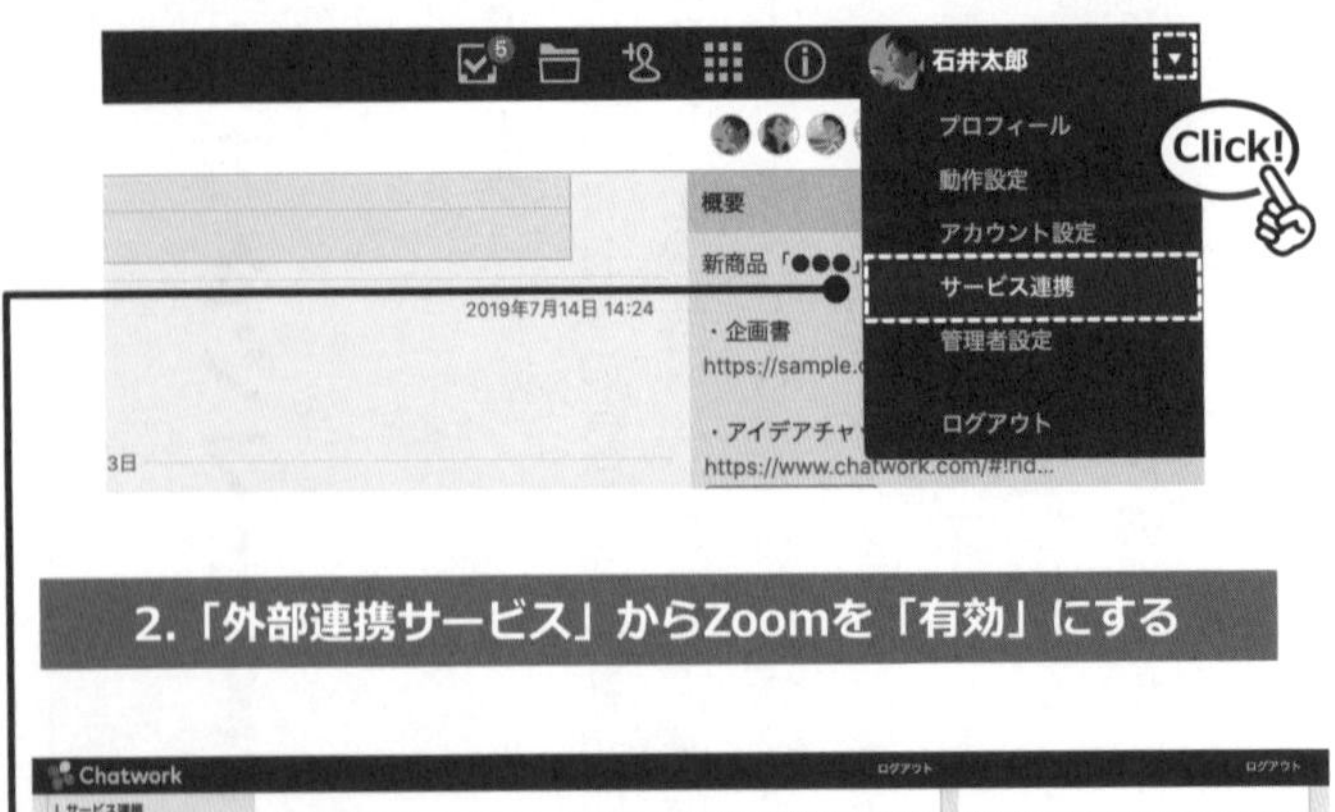

3.Zoomの認証画面が開くので「許可」を押すと連携完了

❷スラック

スラックはアメリカのSlack Technologies社が開発したビジネスチャットツール。チャットワークと同じく、グループ管理だけでなくタスク管理もできるツールです。外資系企業やクリエイターがよく利用しています。たとえば、SE（システムエンジニア、システムをつくる人）とSA（システムアドミニストレーター、システムを管理する人）などが、タスクをしっかり区切りながら管理するのに向いているかもしれません。

Googleドライブほか、海外系のアプリと多数連携しているので、各タスクに必要なツールを追加し、カスタマイズすることができます。

また、グループの管理者が必要なアプリをほかのメンバーに自動的にインストールさせることができます。

チームワーク、グループワークを意識するならチャットワーク、タスクを明確に分けて管理したい場合にはスラックが向いているかもしれません。

❸Google Workspace（旧G suite）

Google Workspace（元G suite）では、Google の持つ数多くのアプリが一括管理できるのが大きな魅力です。会社の独自ドメインの利用、管理もできます。

そのほか、100人～250人まで参加可能なビデオ会議や、1ユーザーあたり30GB～のクラウドストレージのサービスも。

小規模の会社でグループウエアを導入したいと考えている場合にはおすすめです。

特に使えるものとしては、ファイルのグループ共有（Google ドライブ）、スケジュール管理やスケジュールの一斉通知（Google カレンダー）、書類の共同編集（Google ドキュメント）、アンケート作成機能（Google フォーム）、メモの共有（Google キープ）などがあります。このワークスペースを契約しなくても、Google のサービスをグループウエアとして利用していけば、今までとは異なる働き方ができるのではないでしょうか。

自分の仕事内容に合わせてカスタマイズしていきましょう。

第3章

働き方を変える道具の探し方

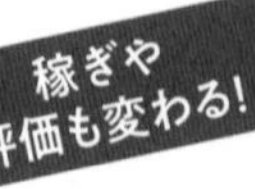

働き方をシフトするガジェット

家電量販店や100円ショップでは、スマホを固定するものや自撮り棒などさまざまな道具が売られています。これらの中には、仕事を効率化するうえで役立つものもたくさんあり、「何を使えばいいですか?」という問い合わせも非常に多いです。

特に誰かに教えたり、伝えたりする業種であれば、大切なのは「わかりやすさ」。**説明の内容自体よりも、見やすさ、聴きやすさのほうが実は重要です。**わかりやすく伝えることによって、相手の満足度も変わります。それが稼ぎや評価にもつながってくるでしょう。

その「わかりやすさ」をつくり出してくれるのが「道具」です。

目的に合ったものを使用することで、これまでできないと思ってきたことができるようになっていく。

私もこのコロナ禍で、現場に出張しリアルに教える方法からオンラインスクール化へとシフトしましたが、それが可能になったのはカメラをはじめ「使える道具」を駆使したからです。

本章では、ワークライフシフトするのに使える道具類を大きいものから小さいものまでまとめて「ガジェット」（目新しい道具、使えるパソコンやスマホ関連機器）としてご紹介していきたいと思います。

どれも実際に私が使用してきて、使えると思ったものばかりなので、自分のニーズに合わせてぜひ使用してください。可能性は無限に広がるはずです。

わかると楽しいカメラの種類

カメラへの関心が非常に高まっています。在宅ワークでオンラインミーティングを重ねるにつれて、「映り」を気にする人も増えてきたのでしょう。パソコンやスマホ内蔵のカメラを使用するのが一番簡単で安上がりですが、解像度にもばらつきがあります。

「もっとかっこよく映りたい」「きれいに映りたい」という人は、新たにカメラを購入してもいいでしょう。

画面共有での「第2カメラ」としても使うことができますし、可能性が広がります。

カメラは趣味や好みで選ぶのではなく、「目的」から逆算しましょう。

何に使うのか? そのためにはどんな機能が必要で、どの程度の画質が求められるのか?

などです。

カメラの選び方

1. きれいな画像を撮りたい……「解像度」の高いものや「絞り値（F値）」など様々な設定ができるもの（一眼レフ、ポケットシネマなど）
2. 幅広く画面に映したい……広角撮影できるもの（会議室用Webカメラやスマホのカメラ。iPhoneの場合7以降に搭載。11以降は超広角カメラを搭載）
3. おしゃれに撮りたい……背景をボカせるもの、カラーグレーディング（色味の調整）のできるもの（一眼レフ、ポケットシネマ）
4. 音もきれいに録りたい……ICレコーダー型（ICレコーダー型カメラなど）

手持ちのデジカメをWebカメラに
――ビデオキャプチャーで映像データを変換する

手持ちの一眼レフをWebカメラとして使用したいという人は**「ビデオキャプチャー」**を使いましょう。一眼レフとパソコンはHDMIケーブルで接続することが多いですが、ケーブルをつなげば映像が映るわけではないからです。

HDMIは「High-Definition Multimedia Interface」の略称で、マルチメディアインターフェイスとあるように様々なデータを送受信することができます。

一眼レフとパソコンをつないだ場合は、カメラの映像信号（ビデオ映像信号）とパソコンの映像信号（PC映像信号）が異なるので、カメラの映像信号をパソコンの信号に変換しないといけないのです。その変換を行なうのがビデオキャプチャーです。

以前はものすごく大きな機材で、値段もどんなに安くても5万円以上、通常は10万円以上するような高価なものでした。

今は急激に値段が下がり、安いものでは980円から手に入ります。しかもUSBと同じくらいの手のひらサイズですから、試しやすいのではないでしょうか。

ただし機材の価格には理由がありますので、安価なものを使用する場合は特に、耐久性や熱暴走対策など、自分が使用したい状況に合うものかを確認してから使用するようにしましょう。


使用できるカメラも機種によるので事前の確認が必要です。最近のカメラではメーカーがビデオキャプチャー機能のパソコン用ドライバーを無償提供し、ＨＤＭＩケーブルを接続するだけでWebカメラとして使えるものもあります。

２０１８年以降の製品であれば使えるものが多いように感じますが、それ以前のものは管理画面表示（電池残量や露出度など）を非表示にして、純粋に画像のみが出力できる（スルーアウト機能）かも調べましょう。

この機能がないと管理画面表示もZoomに映し出されてしまいます。

一眼レフがWebカメラとして使えたら、画質は大幅にアップしますし、ズーム機能も使用できますから、セミナーなどにも利用できます。

ちなみに、Webカメラは直接ＰＣ映像信号を出力できるので、パソコンのＵＳＢ端子に直接接続するだけで使用できます。

☆サウンドハウス　クラシックプロ（CHD HDMI ビデオキャプチャー）
https://www.soundhouse.co.jp/products/detail/item/280483/

☆IOデータ　GV-HUVC
https://www.iodata.jp/product/av/capture/gv-huvc/index.htm

☆Canon　ビデオキャプチャードライバー　EOS Webcam Utility
https://cweb.canon.jp/eos/software/ewu.html

音に簡単な方法でこだわりたいなら——音楽用ビデオレコーダー

音もきれいに撮りたい、録画もしたい、という場合に便利なのがＩＣレコーダーに映像録画機能を追加したタイプです。

ＩＣレコーダーには、ＵＳＢでパソコンと接続するとデバイスとして認識され、ＩＣレコーダー内の録音データをパソコンでも操作できる機能があります。

多くのＩＣレコーダーではこの機能を使用することにより、先に紹介したビデオキャプチャーがなくてもパソコンに直接つなぐだけで音声をパソコンに送ることができます。

音声重視なので音質はいいですが、ビデオカメラ機能ではズーム（拡大）が段階的にしかできない（スムーズな微調整ができない）などの制約もありますので、音楽やトークを優先して考える場合におすすめです。

ZOOM社（Web会議サービスを提供するZoom社とは異なります）のＱ２ｎは台形のマイク型のビデオカメラ機能付きＩＣレコーダーですが、マイクとカメラが一体式なのでマイクが苦手な人にも使いやすいでしょう。

Zoomなどオンラインでつなぎながら、同時に現場のリアルな会話も録音したいとき、通常だとZoom内の音質が悪くなりがちですが、Q2nならクリアに録音できます。

家で教室を開いている方は、この1台でZoomのオンライン教室を開催することができるでしょう。

☆ZOOM　Q2n
https://Zoomcorp.com/ja/jp/video-recorders/video-recorders/q2n/

クリエイティブな画像を配信したいなら――映画も撮れる高画質シネマカメラ

「値段が高くてもいいから、とにかく映りがいいものがほしい」という人はBlackmagic DesignのPocket Cinema（ポケットシネマ）がおすすめです。

カリスマモデルがYouTube用に使用していることでも話題になりました。

このカメラは一眼レフの画像サイズを超えて、映画用のシネマサイズでも撮影でき、値段は25万円強になります。

たとえば、映画で燃えるような夕日の場面が出てくることがありますね。実際の夕日の色とは違うのですが「カラーグレーディング」という作業で色味を調整します。通常は撮影後の編集段階で行なうこの作業を、ポケットシネマではパソコンにつなげばその場で詳細に設定できます。リアルタイムでアーティストのミュージックビデオを撮るようなイメージです。

こだわりの画像配信を目指すなら、このカメラを使用することでかなりクリエイティブな作品に仕上がるでしょう。

☆Blackmagic　Pocket Cinema Camera 4K
https://www.blackmagicdesign.com/jp/media/images/blackmagic-pocket-cinema-camera-4k

動きながら撮りたいなら――アクションカメラ

動きながら撮影をしたいなら、アクションカメラがいいでしょう。「GoPro」が有名ですが、Insta360などその他のメーカーとの競争も激しく、目的に合わせて選ぶ楽しみが増えているカメラです。

どの機種も比較的手軽に使え、Wi-Fi環境ではスマホやパソコンにつなげば、車を走らせながらのオフロード中継配信などもできます。

音にこだわりたい人向け

「マイク」は実はカメラより重要

映像の質以上にこだわってほしいのが音声です。

というのも、私たちは映像は割と適当にしか覚えていないからです。

多少粗くても、ピントがぼけていてもさほど気になりません。全体像で見ているので、事細かには覚えていないのです。

ですが、音は違います。特に不快な音に人は敏感です。雑音、音が割れる、音が聞こえない……などに非常にストレスを感じるのです。

映像のプロは、映像以上に音にこだわっています。

逆に言うと、音声がいいだけで「クオリティの高い講義」という評価が得られやすく、音が悪いとそれだけで「わかりにくい」「使えない」というマイナス評価につながります。

そのためにも、マイクは使用したほうがいいでしょう。

高音質を求めるなら「コンデンサーマイク」。

マイク本体に音声信号を変換する機能がついている音質のいいマイクです。

話している声だけを集中して拾うには――ワイヤレスマイク

テレビでタレントやアナウンサーが胸元につけているワイヤレスマイクです。

このマイクは、マイクを付けている人の声だけを録るように設定してあるので、周りの音を拾わなくなります。

ただワイヤレスマイクは価格もそれなりに高く、周波数の調整などもあり、プロ用としては普及していますが一般の方には普及していませんでした。

けれども、その簡易版ともいえる簡単に使用できるワイヤレスマイクWirelessGo（ワイヤレスゴー）が登場しました。

プロが使用するピンマイクは、送信機と受信機で同じ周波数のチャンネルに調整するなどの設定が必要でしたが、ワイヤレスゴーは非常に簡単。

電源を入れた瞬間、自動ペアリングをしてくれるのですぐにつながります。

また価格もプロ仕様のものは送信機と受信機で各5万円ほど、計10万円くらいはかかるのに対し、両方合わせて2万8０００円ほどです。

2台の送信機を1台の受信機で受けられるワイヤレスゴー2も発売されるなど、これからもますます便利な機能が増えそうです。

これをつけていれば、歩きながら、家事をしながらなど、動きながらでも問題なくマイクを通じて話せます。

ワイヤレスゴーとウェブカメラ、パソコン、Wi-Fi環境があれば、誰でもどこでもオンラインセミナーが開催できるでしょう。ウェブカメラを設置し、講師はワイヤレスゴーをつけて話し、その受信機をパソコンに差し込めばすぐにZoomで配信できます。場所を選ばないので、どこでもセミナー配信ルームになります。

ヨガやダンスの先生など、動きながら教える方にもこのマイクはおすすめです。常に相手には聞きやすい音声を届けることができます。

携帯電話のようにＵＳＢで充電ができ、フル充電すれば最大７時間利用できるので、長時間のセミナーにも使えます。

私も使っていますが、持ち運びも接続も楽なのですごく便利です。

☆RODE　WirelessGo（ワイヤレスゴー）
https://ja.rode.com/wireless/wirelessgo

指向性からマイクを選ぶ

会議の声をきれいに拾いたい──無指向性マイク

マイクには音を拾う「向き」があります。この向きがなく「全ての方向の音を拾う」のが「無指向性」マイクです。

スマホや一般的なビデオカメラについているマイクは無指向性マイクで、360度すべての方角から聞こえる音を拾います。

たとえば、運動会で子どもの声とそれを応援する親の声の両方を録音できます。

無指向性マイクでおすすめなのは、Jabraの510。会議の際などには、真ん中においておけば、全方位の人の声をしっかり録音してくれます。また、スピーカー機能も付いていますがハウリング（フィードバック）を防ぐ機能がついているので、キーン、という嫌な音がする心配もありません。

☆ Jabra 510

https://www.jabra.jp/business/speakerphones/jabra-speak-series/jabra-speak-510##7510-209

講師の声だけを拾いたい――単一指向性マイク（ガンマイクやピンマイク）

セミナーなどは、講師の声だけを拾えばいいので「単一指向性」のガンマイクを使用するといいでしょう。ピストルのような形をしていて、そのマイクの先が向いている一方向の音のみを拾います。

あるいは72ページのワイヤレスマイクも単一指向性ですのでおすすめです。

このとき無指向性マイクを使ってしまうと、講師の声よりマイクの近くにいる事務局の話し声のほうが大きく聞こえてしまうことがあります。

こちらも今、かなり手ごろに買えるようになりました。

YouTuber 御用達の RODE のコンデンサーマイクは1万円前後ですが、Neewer など

３０００円くらいの製品ラインアップも充実してきています。

そのほか、対談など双方向の人の話をきれいに拾いたいなら、指向性を調整できるＩＣレコーダーがいいでしょう。

☆Neewer　ガンマイク
https://neewer.com/collections/microphone/products/neewer-universal-video-microphone-external-dual-head-camera-mic-vlog-mic-with-shock-mount-furry-windscreen-40098375

☆RODE　コンデンサーマイク
VideoMic NTG
https://www.rode.com/microphones/videomicntg

マイクの種類

無指向性（ディスカッション）

マイクを中心に360度すべての
音が集音できます。

双指向性（対面対談）

マイクを中心に前後の音を集音します
（横方向の集音性は低い）。

単一指向性（インタビューなど）

インタビュー、セミナー、講演会など
一方向の人の話を録る

⬅マイク前方向

マイクの前の音を主に集音します
（後ろ方向の集音性は低い）。

超指向性（鳥の声を録るなど）

⬆マイク前方向

真上から
見た場合

ある方向のかぎられた範囲の音
だけを集音します。

照明・ライトで魅せ方を変える

撮影の際には、「光」は取り入れたほうがいいでしょう。自然光が使えるなら、光が差し込む窓際にカメラを置き、窓に向かって話をすると、明るくきれいに映ります。光が取り込めない場合には、ライトを使って人工的に光をつくり出しましょう。

照明は、全体を明るくしたいか、一点を明るくしたいかによって使い分けます。女性のお化粧に例えると、ファンデーションで顔色を明るく見せたいか、アイシャドウで目元に印象を与えたいかの違いです。

顔色や全体を明るくしたいときは――リングライト

全体的に明るくしたいときには「リングライト」が効果的です。全体に均等に光を散らすので、背景を含めた画面全体の明るさがアップ。光が差し込む明るい窓に向かって撮影しているのと同じ効果が得られます。**「女優ライト」**とも呼ばれています。

手元などピンポイントで明るさを出したいときは――LEDミニライト

顔や手元などをピンポイントで明るくする場合には、小さなLEDライトを使用しましょう。スマホサイズの小さなもので、USBで充電でき、フル充電した場合は数時間もちます。1／4ネジがついていてカメラの上に載せることができるものも多く、5000円くらいで買えます。

小型で色味までこだわるならApture の AL-MC がおすすめです。スマホのアプリを使って、明るさだけでなく光の色味も変えることができるので、美容系の商品や作品、芸術作品など、正しい色で撮影したいときに便利です。

AL-MC は背面がマグネットになっているので、自分の前にホワイトボードなどマグネットがくっつくものを置けば、簡単に照明をセッティングすることができます。

私は4灯セットのものを使用しているので、目の前にホワイトボードを置き、そのホワイトボードに４灯つけて使用しています。
この方法はホワイトボードをカンペとしても使用でき、とても便利です。

☆Neewer　LEDリングライト
https://neewer.com/collections/ring-light

☆Apture　LEDミニライトAL-MC
https://www.agai-jp.com/products/brand-search/aputure/mseries/1797-al-mc.html

手書きが大切な人向け

ペンタブレットで実現するオンライン手書き

「パソコンなどでは手書きができないから……」とあきらめている方も多いかもしれませんが、ペンタブレットを利用することで「オンライン手書き」が実現します。
言ってみれば、やり取りの方法をデジタルに変え、アナログをアナログのままシフトするのです。

ペンタブレットはイラストや漫画を描くだけでなく、ちょっとしたメモ書きや書類の修正指示なども簡単にできます。オンラインミーティングの際には、資料をZoomなどで画面共有しながら書き込んでいけば、これまで会議室でパワーポイントなどの書類をポインターを使って説明していたのと同等以上のことができます。

また、Zoomのホワイトボード機能を使えば、リアルに会議室でホワイトボードに書き込んできたのと同じことができます。さらにいいのは、ホワイトボードで書いた内容がプリントアウトできたり、参加者全員に共有できることです。

ペンタブレットはアナログのもの（板タブ）と、液晶ディスプレイを統合した「液晶ペンタブレット」（液タブ）があります。

前者は、マウスの代わりにペンを利用し、書いたものがパソコン画面に反映されます。一方、液タブのほうは画面に直接書き込み、内容が画面に直接反映されます。iPad、iPad Pro、Microsoft Surfaceなどのタブレットは後者です。特にiPad Proのペンソフトは数多くあります。

たとえば、習字教室やペン字教室では、生徒さんの作品をスキャニングしてPDF化したものをメール等で送ってもらい、それに直接書き込みながら指導することができます。

チラシや紙媒体のデザインを共同作業で進めている場合には、画像共有しながら参加者全員で書き込んでいくことで作業の効率化をはかることができるでしょう。

書類や原稿などの文字チェックもできます。ＰＤＦに直接書き込み、保存してチャットで渡せば即完了です。広告の校正などにはもってこいです。

文書をＰＤＦ化するソフトはいろいろ出ているので、利用してみましょう。

さらにいえば、iPadなら書類の写真を撮って、右上の➡ボタンを押すと写真を共有することができるので、その場で確認しながら書き込むことができます。

ほかにも、イラスト教室、家庭教師など、「採点」するものには使えます。

相手が操作方法を知らなくても、Zoomの遠隔操作機能を利用すればサポートすることもできます。

タブレットに使用するタッチペン（スタイラスペン）はさまざまなものが売られていて、値段もピンキリ。１００円ショップにあるものから、正規品だと1万円以上します。

値段の差は性能の差。電気を利用して書き込む仕組みですが、どのくらい感度がいいか、細かいところまで書けるかなどによります。

アナログな作業にもデジタルな方法を取り入れる。

そうすると、仕事のやり方は大きく変わります。

手元を映すカメラで実現するリアリティ

先にも少しご紹介しましたが、Zoom でパソコンにカメラを複数台接続し、「第2カメラ」として使用すると、できることが大きく広がります。

家庭教師なら、第2カメラでお互いの手元を映せるので、リアルタイムで手書きの指導が可能になり、かなりリアルに近づけるでしょう。

なお第2カメラなら、ビデオ映像よりきれいな画質で配信することもできます。

たとえば、ヨガ教室なら、近くと遠くにそれぞれカメラを設置し、アップと全体で切り替えられることで、よりわかりやすくレクチャーができるでしょう。

部活などでの指導にも使えます。

「書画カメラ」を利用すれば、手元の細かい動きを見ることができますし、書き順などもチェックできるでしょう。家庭教師なら、数学の添削をする際には生徒の解き方もリアルタイムに見ることができます。生徒がつまづいた箇所、間違った箇所等も把握しやすいでしょう。また、先生側も第2カメラに対応しておけば、実際に解いているところを一緒に見ることができ、相手にその場で間違いを伝えやすくなります。

この書画カメラは固定しておけるので、両手が使えます。彫刻、彫金、ビーズほか、小物づくりを教える際も、細かい箇所を見せることができるので教えやすいでしょう。

書画カメラが高価に感じる場合、スマホやWebカメラを固定して手元を映すことができるアームスタンドが安価に売っているので使ってみましょう。

スタビライザーで実現するオンライン活動力

スタビライザー＋Zoom「リモートカメラ」機能

歩きながら、動きながら撮影する際、スマホやビデオを手で持っていると手ブレしがちです。それを防ぐために固定できるものを利用しましょう。

「スタビライザー」もそのひとつ。振り子の原理でスマホを安定させるので手ブレの心配もなくなりますし、ボタンひとつで向きを変えたり、タテにしたりすることもできます。

このスタビライザーに付けたスマホからZoomに参加すれば、そのまま歩きながらでもZoomで配信することができます。

これを持って歩き回ることで、バーチャル展示会なども簡単に配信が可能に。

以前は10万円近くしましたが、今は1万3０００円程度になりました。

スタビライザーにスマホを装着してZoomに参加

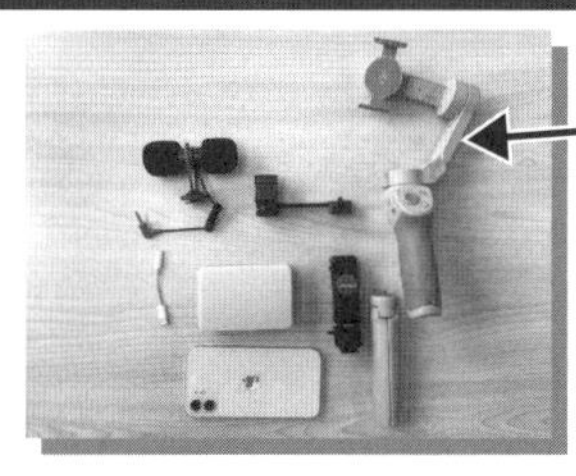

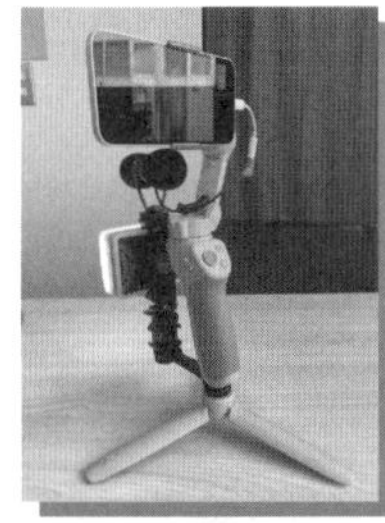

○シューブラケット

・Ulanzi PT-3

マイクと照明をスタビライザーと共に使用するため、カメラシューを後付けできる。シューブラケットをセットする。

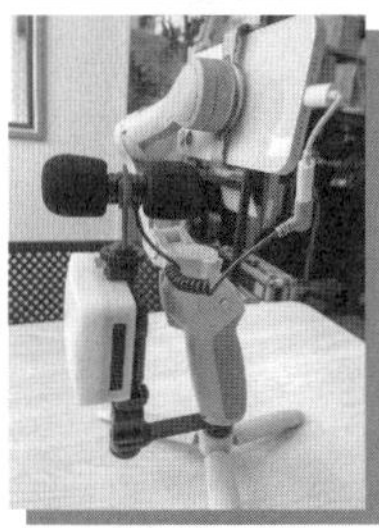

○照明（Apture AL-MC）の取り付け

・Ulanzi スマートフォン三脚マウント

照明をスマホセット部分に挟んで使用。スタビライザーに装着されたスマホとマイクの距離が短くなり、ケーブルが使いやすくなる。

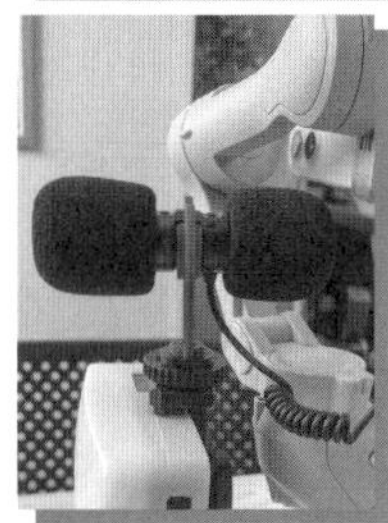

○マイク

・Ulanzi ビデオマイク 双指向性、 単一指向性

スマホに装着でき、指向性を切り替えられる。

また、「AirPlay を利用して iPhone 画面を Zoom に共有できることを応用し、iPhone を『リモートカメラ」として使うこともできます。その際には iPhone のマイクは使用できませんので、前述のワイヤレスゴーなどのマイクを使用しましょう。

☆ Osmo Mobile OM4
https://www.dji.com/jp/om-4

☆【iPhone 画面を AirPlay を利用して Zoom で共有】
Zoom の「共有するウインドウまたはアプリケーションの選択」から、「iPhone/iPad」を選ぶ。AirPlay を利用するには、パソコンと iPhone で同じネットワークを使用する。

スマホリグ——スタビライザーより手軽に使える

スタビライザーより手軽に使えておすすめなのが、「スマホリグ」です。
ちなみにリグ（ＲＩＧ）というのは「固定する」という意味。

価格は１５００円くらいからあるので、スタビライザーよりも試しやすいでしょう。これも非常に手ブレしにくく、片手でも両手でも持てます。

上部にワイヤレスマイクやＬＥＤライトなどを付けることができたり、下には１／４ネジが付いているので、三脚に取り付けることもできます。

ワイヤレスマイクやガンマイクを付けて自分のほうに向ければ、声も鮮明に録音できます。充電型のライトがあれば暗いところにも対応可能。

イベントの舞台裏（バックヤード）などは、移動しながら簡単に撮影が行なえます。

これひとつで、ちょっとしたカメラクルーになれるのです。

アクティビティ系の配信も簡単です。

一番楽なのは、スマホを使ってZoomで配信する方法でしょう。スマホだけでは不可能なことでも、道具をひとつプラスするだけで、できることが格段に増えます。

よりプロっぽく配信したいなら、「LiveU Solo」というライブ配信専用機材を使うと、電波が途切れません。docomo、au、SoftBankなどメインのモバイル回線と契約していて、常に一番強い電波を拾い続けます。

そのため、屋外でオンライン配信をする際には便利です。

☆Neewer　スマホリグフィルムメーカーグリップ
https://www.amazon.co.jp/dp/B071GTSH4Q/ref=cm_sw_r_tw_dp_N.sbGb69SZNEN

☆LiveU Solo
https://www.sanshin.co.jp/business/solution/vd/liveu/359-lu-solo.html

映る側も撮る側も移動しながらZoomに参加するための組合せ

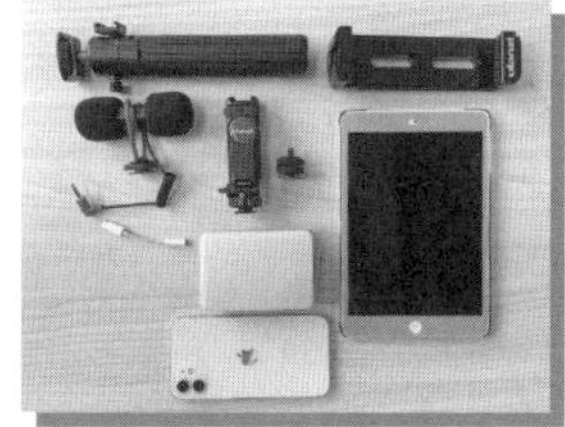

〇土台になるように手持ちできる三脚を用意
・Ulanzi スマートフォン三脚マウント

〇映る側に相手が見えるよう、画面の大きいiPad miniの画面を向ける
音声もこのiPad miniから配信
・Ulanzi PT-3

〇撮る側もZoom画面が見えるよう、撮り手側にiPhoneの画面を向ける
映る側はこのiPhoneのカメラで撮る
・Ulanzi スマートフォン三脚マウント

〇照明を最上段にカメラシューで取り付ける
・Apture AL-MC

〇シュー付き三脚に双方向性に切り替えられるマイクを付ける
・Ulanzi ビデオマイク 双指向性、 単一指向性

家の中にあるもので代用してみる

ガジェットにお金をかけなくても、工夫次第でできることはたくさんあります。
手ブレは、カメラを肩幅に合わせて持ち、脇を締めることで低減します。
また、道具がなくても、使えるものは身近に転がっています。

たとえば、カメラを高い場所に置いて撮る場合、必ずしも三脚や専用のスタンドは必要ありません。**まな板、タッパー、本、段ボール、コピー用紙を重ねてもいい**でしょう。CDケースなら5ミリ単位で足すことができるので、高さの微調整もできます。

パソコンより丈が少し高いくらいの「立てかけ鏡」にカメラをつけると、鏡の反射が照明代わりになり、顔が明るく見える効果も得られます。

スタビライザー代わりに、ワイヤーハンガーを少し変形させ、セロハンテープでカメラを固定しても十分使えます。

ワイヤーハンガーは、天井から撮影するための「天吊りカメラ」としても使えます。突っ張り棒にフックを引っ掛け、カメラを吊しても同様のことができるでしょう。洗濯ばさみは意外と使えるアイテムです。吊したり、高さ調整のほか、スマホを挟めばスマホスタンドのようになり角度を変えるのにも役立ちます。

インカム代わりに、マイクのオンオフ機能があるゲーム用のヘッドホンを使うこともできます。実際に私は大阪会場と東京会場間で行なう遠距離のオンラインイベントで重宝しています。

スマホにプラグを指して、Zoom ミーティングを立ち上げておき、必要なときだけヘッドホンのマイクのスイッチをオンにすることで簡単につながります。

インカムと同じ機能を Zoom とヘッドホンで代用しているのですが、非常に便利です。

本書で挙げた道具がなくても、今手元にあるもので代用してみると意外にうまくいくことも多いものです。

そうやって工夫を重ねるうちに、自分のオリジナルガジェットがいくらでもできます。

第4章

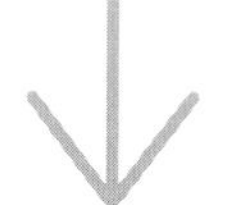

働き方をシフトする
インテリア

インテリアで醸し出す、一歩抜きん出た背景

オンライン会議が増えてくると、気になるのが「背景」です。思いのほか自分の周りのものが映り込んでいませんか。一気に生活感が表れてしまうこともあるでしょう。特に女性目線では、壁やカーテン、部屋の雰囲気が気になるようです。

一歩抜きん出たインテリアとは、ただ見た目がいいだけではありません。**自分の伝えたい情報を視覚で伝える**ことも重要です。

たとえば、自分のイメージづくりに背景を利用することができるのです。

背景となる白い壁に、自分のイメージに近いポスターを貼るだけでも変わります。自分の作品やメッセージなどを貼って宣伝材料にするのもひとつの手でしょう。

私のオフィスには本がずらりと並んだ図書スペースがありますが、一部にエスニック調の置物が並べてあります。雰囲気を変えたいときには、この場所をバックにオンライン会議を行なうこともあります。

Zoomのバーチャル背景を利用する場合にも同じことが言えます。デフォルトの背景を使用している人も多いのですが、それでは自分の伝えたい情報は相手に伝わりません。

以前、日本の大臣が海外とのオンライン会談に、Zoomのデフォルトである宇宙が描かれたバーチャル背景を使用していて驚愕しました。日本の代表として会談し、世界中から注目を浴びる人がデフォルトの背景とは。せめて日本を想起するものにするなど、ブランディングを考えたほうがいいように思います。

市長の会見など、多くの行政の長の記者会見では背景に市章などのバックドロップが置いてあります。タレントが出るイベントなどでは企業のロゴなどをバックドロップとして使用するのが定番です。

背景は立派なメッセージの発信ツールになりますし、そこからいろいろなことが読まれてしまいます。

特に社長、重役など要職に就いている人たちは、イメージも大事ですから、背景にも気を配ったほうがいいでしょう。

建築家の安藤忠雄先生が、新聞のインタビューで大阪・中之島の公会堂を丸ごと貸し切り、舞台の真ん中に赤いイスを1脚置いて臨んでいたのを読みました。これも背景の演出です。極端な例なので、同じことをオンライン会議などでやったら、周囲から浮くことは間違いありませんが、**背景はセルフブランディングのためにこだわるべきところ。**

「画面に映っていればいい」「顔が見えればいい」というレベルから、オンラインにおいてもTPOが求められる時代になったのです。

Zoom や Microsoft Teams には、背景をぼかす機能があります。これは企業に属する人向けで、個人事業主向きではないかもしれません。自分のスキルや業務を仕事としている人と、様々な自分を売っている人との違いです。

前者は会議に出席して業務を遂行していること自体が重要で、目立たないことが一番。そのため、余計な背景は不要です。

一方、個人事業主やクリエイターなど、様々な「自分を売りにしている人」は、空気感や雰囲気を相手に伝える必要があります。

その表現の場のひとつが背景なのです。ぼかしてしまってはもったいないですよね。

おうちスタジオをつくってみよう

オンライン配信が増えてくると、家のレイアウトも見直す必要が出てきます。カメラを設置したらすぐに配信ができる、授業に参加できる場を設けておくと便利です。

イメージとしては、家に「ミニスタジオ」をつくるようなものです。とはいっても広いスペースは必要ありません。
イスに座れば即仕事をはじめられる場所。それがおうちスタジオです。

おうちスタジオの条件は、背景に立体感を持たせることができるよう、やや奥行きのあるところが第一。次に、できれば明るいところがいいでしょう。自然光が入ってくるか、照明のスペースを取れる場所です。そして、電源の配線が増えますから、コンセントが確保できることが必須です。

その一角だけは、自分のイメージに合わせた「空気感」をつくり上げましょう。
外装は変えられませんが、グリーンや小物などインテリアで形づくることはできます。
コロナ禍になる前はホテルのスイートルームのようなところでセミナーをやっていた人が、洗濯物や書類が積み重なった生活感の強い背景でオンラインセミナーを開催したらイメージが狂いますし、いくらいいことを言っても耳に入ってこないのではないでしょうか。

セルフブランディングをどう打ち出していくかを考えたとき、洋服や化粧のほかに重要となるのが、このインテリアであり、背景なのです。

これまでは、たとえ家がどんなに散らかっていても、オフィスやミーティング会場に出てしまえばその様子がバレることは決してありませんでした。表舞台と楽屋が切り離されていたからです。

けれども、在宅ワークが増えたことで、職場と生活の場が同一になりました。舞台と楽屋がほぼ一体となったのです。

舞台に上がる際に舞台裏を見せては場がしらけますね。

気の置けない仲間とのオンライン飲み会は別として、仕事の場合にはプライベートと切り離したいもの。そのための「おうちスタジオ」です。

おうちスタジオの作り方

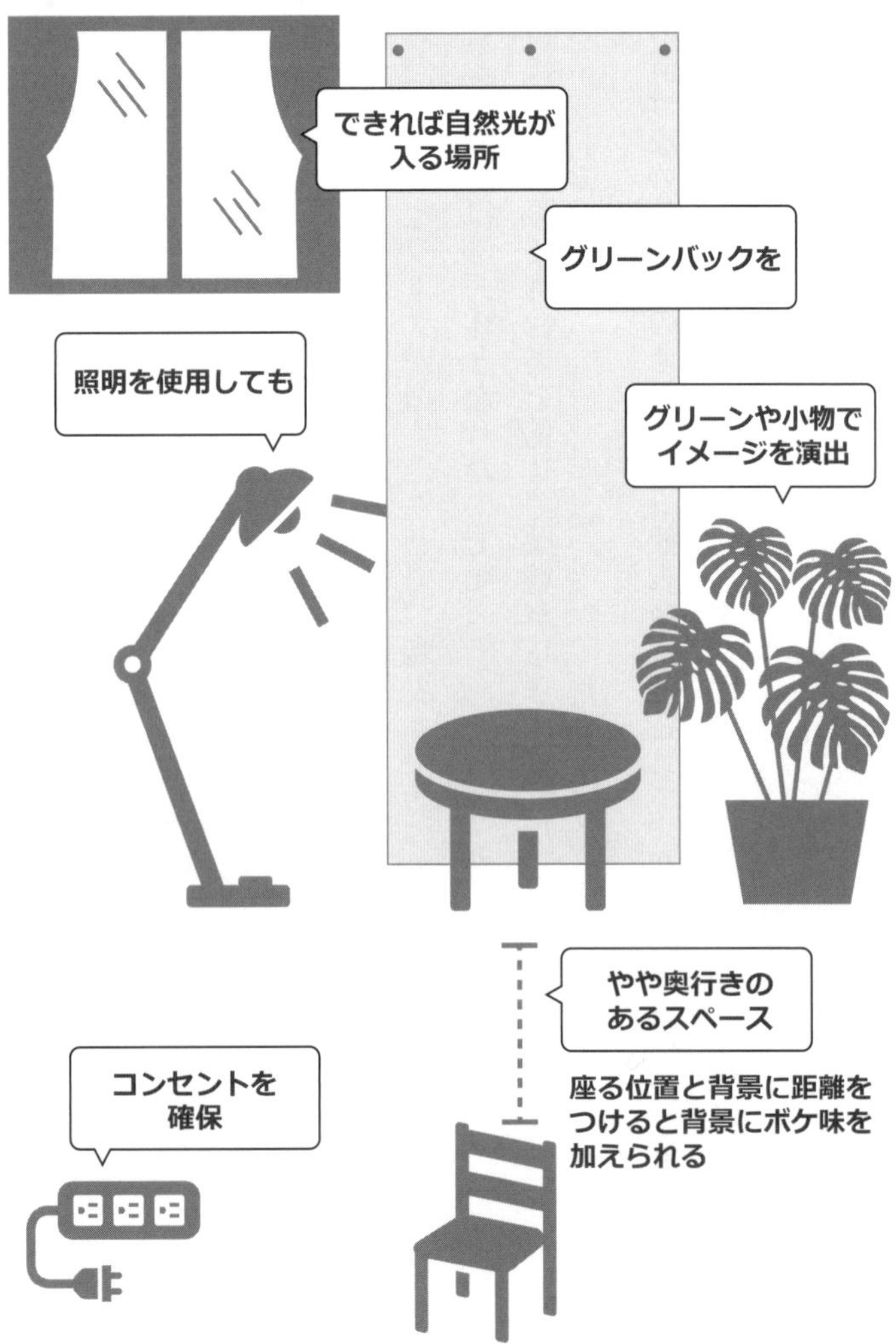

Webミーティングしやすい机の上のつくり方

オンライン会議の際、すぐに仕事に取り掛かれるように、ある程度机のレイアウトは決めておきたいものです。

まずは、カメラを置く位置。机正面の、自分の目線と同じ高さにカメラを設置します。**「カメラ＝相手と目が合う状態」**を意識しましょう。それよりカメラが下にあると見下げてあおっているように映るので避けたほうがいいでしょう。

最近、カメラを横に設置し、自分の横顔を映しながらミーティングする人がいますが、やめたほうがいいと思います。目が合わないことはコミュニケーションルールとして万国共通でよろしくないので、相手に変な印象を与えてしまいます。

オンラインでもアイキャッチは重要。もともとリアルの対面に比べて、空気感が共有しづらいわけですから、より一層目線はきちんと考えることが大切です。

机は、パソコンのカメラを中心にした配置にします。

パソコンの位置が定まったら、次にメモを取る位置です。リアルに対面する際も手帳とペンは傍らに置きますよね。それと同じく、手書き派の人はノート、メモ帳と筆記用具を置くスペースを、利き手側につくりましょう。

カメラと同じパソコンに書き込む場合はオンライン画面を分割し、右側にメモソフト、左側に相手の画像にしておくと目線もそれほど気になりません。

利き手と反対の手のほうは、飲み物などを置くスペースです。


マイクは口元に近い場所が最適です。置くタイプの場合には、あごの下など、手元から離してペンで書く音などを拾わないように設置しましょう。そのほか、手書きを見せたり、タロット占いをしたりする人などは、手元やタロットカードを映すための第2カメラの位置や、カードを広げる場所をあらかじめ考えておきましょう。

料理をする場合には、まな板の置き場所、包丁、ボウルなど必要な道具を置くスペースを、映りとともに考えてみましょう。

オンライン会議

ノートにメモする派

横から見た図

正面から見た図

パソコンに記録する派

机の上のレイアウトに正解はありません。自分が働きやすいのが一番です。

ただし、気をつけてほしいことがひとつあります。

それは**「映ってはいけないもの」「映してはいけない場所」には十分注意を払うこと**。

具体的には、会社の極秘資料、請け負っている他社の書類、子どもが通う学校の制服など個人や住所が特定されるものです。

事前にテストでZoomミーティングを開催したり、ビデオをオンにする前に「設定」「ビデオ」でどう映っているかを確認するなど、何が映り込むかをチェックしましょう。

部屋の雰囲気を崩さないグリーンバックの取り付け方

背景をバーチャル（通常の背景とは異なる映像を合成）にしたい場合は、グリーンバック、もしくはリングライトを使うといいでしょう。背景を人間の肌色の補色にあたる緑色や青色にすることで、別の画像がきれいに合成されます。

多くの製品が出ていますが、高価なものを利用する必要はありません。折りたたみ式なら、コンパクトにたためるので場所も取りません。既製品を買わなくても、十分代用できます。

グリーンの遮光カーテンは突っ張り棒にかけておけばすぐに使えるのでおすすめです。そのほか、手芸店や100円ショップなどにある、緑色の布、フェルトもいいでしょう。縦横とも1・5m以上用意し、突っ張り棒で張れば完成です。

もちろん、プロ仕様ではありませんが、個人ユースであればこれで十分です。

コツは、しわをつけずに貼ること。

クロマキー（グリーンバック）は影ができてしまうとその部分がうまく合成されません。だからしわにならないフェルトは使いやすいのです。

また、影をつくらないことが大切です。照明を利用する際には、左右両側から光を当てて影を消すようにしましょう。

貼る場所は光を通さない壁や空間、という条件もポイントです。

たとえば窓に貼ると、背後からの光でうまく背景が抜けません。

窓に貼る場合には、遮光カーテンの上にグリーンカーテンを重ねましょう。

足元まで撮る場合には床もグリーンにする必要がありますが、そうでなければ画面に映る場所の背景のみグリーンでおおわれていれば、きれいに背景は変わります。

普段グリーンバックが見えないようにしたい場合には、上から布や別のカーテンでおおうといいでしょう。

必要なときは上の布やカーテンをはずせば、すぐにスタジオへ早変わりです。

☆ニトリ　遮光カーテン　グリーン
https://www.nitori-net.jp/ec/product/5663294s/

自分らしい道具の選び方、アレンジ方法

ホワイトボードも100円ショップのものをはじめ、和室に合うものや壁に貼ってはがせるものなど、いろいろな種類が出ています。

自分や部屋、仕事のイメージに合うものを選ぶといいでしょう。

ガジェットは概してシンプルなものが多く、時に無機質な感じを与える場合があります。

そのようなときには自分でデコレーションしてみるのもひとつの手です。

300円ショップなどに売っているスマホ用アームやマイク、クリップスタンドなどにキラキラのシールやマスキングテープなどでデコってみると、手軽に自分オリジナルのガジェットが出来上がります。

周りの音が入らない部屋のつくり方

オンラインでのミーティング中に、周囲の音を遮断したいのであれば、窓側、通路側はできるだけ避けたほうがいいでしょう。

Zoomには、周囲の雑音を抑制する**「背景雑音を制御」機能**があります。

かすかな雑音から、パソコンのファンの回る音、キーボードをタイプする音や犬が吠える大きな声まで段階的に選ぶことができます。

背景雑音を抑制する方法

設定→オーディオ→「背景雑音を抑制」をクリックしましょう。
「低」（かすかな背景雑音）、「中程度」（コンピューターのファン、キーボードのタイプ音）
「高」（キーボードのタイプ音、犬の吠え声）を選ぶことができます。

万全を期すのであれば、「吸音材」を壁に貼るのも一案です。壁に貼るタイルタイプ、壁紙タイプがありますが、値段はそれなりにします。

ここまで本格的にしなくても……という場合は、段ボールを貼り付けても効果がありまず。段ボールの上に緑色の模造紙や布を貼り付ければ、グリーンバックと遮音兼用になるのでおすすめです。

また、強化段ボールでできた「テレワーク用ブース」も販売されています。

パーテーションで区切られているので、ちょっとした個室感覚を得られるでしょう。

グリーンバックもマジックテープで簡単に取り付けられ、バーチャル背景も簡単に設定できるため、テレワークにも向いています。

音は「波動」なので、波を閉ざせば音は届きません。入口など音が入ってくる場所に「のれん」のように遮音カーテンをつけるのも効果があります。

音を遮断するのと同時に、マイクを使うことも忘れないようにすれば、雑音を抑制できるでしょう。

☆フジダン　マイブース

https://fujidan.thebase.in/

☆サウンドハウス　吸音材

https://www.soundhouse.co.jp/search/index?s_category_cd=1824&i_type=c

第5章

働き方をシフトする
セルフブランディング

Webコミュニケーションで映える「顔映り」

Webコミュニケーションでは、実際の対面以上に「見た目」「映り」が気になりますね。特に男性は映り慣れていない人も多いのではないでしょうか。

まずはZoomの「ビデオフィルター」設定から

Zoomの設定を変えるだけでも、顔色や映りは良くなります。

まずは、Zoomの「ビデオフィルター」の設定を行ないます。というのも、映りはパソコンのカメラの色味や照明の明るさに大きく左右されるからです。Zoomの設定を行なったうえで、足りない箇所に化粧で色味を加えていくと、ちょうどいい見え方になります。

ビデオフィルターを使うと、画面を白っぽく透明感のある感じ、モノクロ、クリーム色、セピア色、ややピンクなど、7色に色味調整ができます。

照明が暗い場合に使うと、顔が明るく見えますし、やわらかい雰囲気にすることもできます。遊び機能として、サングラスや帽子、マスク、動物の耳や写真のフレーム、劇場なども合成できるので、Zoom飲み会などのときには盛り上がるかもしれません。

「スタジオエフェクト（ベータ版）」という機能では、好きな色と形の眉、好きな色のリップカラー、ひげ（口ひげとあごひげ）が自分の姿に合成されます。

いずれも非常に自然で、化粧をしていなくても顔がはっきり映ります。

明るさは手動で変えることができます。

設定→ビデオ→マイビデオの「低照度に対して調整」を自動から手動に切り替え、スライドで好みの明るさに調整しましょう。

Zoomのビデオフィルター

①画面下部の「ビデオ」マーク隣の△「ビデオフィルターを選択」を選ぶ。
②画面の色味の調整は7色から選べる。

③右下の「スタジオエフェクト（ベータ版）」を押す。好きな眉の形と色、ひげの形、リップカラーの色を選ぶことができる。
「透明度」は左に行くほど色が薄く、右に行くほど色が濃く反映される。

男性も顔のテカりを抑えるファンデーションを

テレビでは、化粧を担当するメイクさんが、タレントなど出演者がテレビに映った時にどうなるかを意識してメイクし、現場のモニターをチェックしてさらに直します。

化粧は、通常よりコントラストをはっきりさせることが大事です。フェイスライン、目元、頬など各ラインを強調します。頬に暗い色をいれるとほっそりして見えます。アイラインも通常よりしっかりめに描くことで目がぱっちり見えるでしょう。

舞台ならさらにコントラストのはっきりしたメイクを心がけることになります。

男性の場合、顔のテカりが気になるという方も多いと思います。そこでおすすめしたいのが、男性向けファンデーションです。

俳優さんが撮影時に使用する「ドーラン」のような役目です。ルオモ「マットキープBBクリーム」は値段も手ごろで汗や顔のテカりを抑えてくれます。

また、顔色を整え、ひげの青い剃り跡も隠すことができます。

私の受講生の方にも好評で、紹介するとみなさん即購入しています。

いつもと違う化粧スタイルや、男性には化粧自体が縁遠いかもしれませんが、「Zoom越しに映る状態が正解」と考えてチャレンジしてみましょう。

ミーティングに参加する前に、ビデオの設定の画面からどのように映っているかを事前に確認すれば、テレビタレントと同じチェックができます。

顔のテカり、ひげの青い剃り跡に
ルオモ「マットキープBBクリーム」

Webコミュニケーションで映える「ファッション」

ファッションも、背景との「コントラスト」が大切です。就職活動や面接、会議などの場合には、背景が会議室などの「白い壁」が多いので、白いワイシャツよりは紺のジャケットを着用していたほうが、コントラストがはっきりします。

気をつけたいのは、バーチャル背景を利用する際に「モアレ」が発生しない服装を選ぶこと。**モアレとは、青と白のチェック柄や細かい柄のワイシャツなどを着た際、服の一部だけがチカチカしたりすること**です。

よくオンラインミーティングで、ネクタイの柄が見えずに透明になっている人がいますが、まさに「モアレ」です。いき過ぎると透明に透けるなどの現象を引き起こします。特に細かいチェック柄やナイロン素材はクロマキー（グリーンバック）で色が抜けやすいので、オンライン会議では控えたほうがいいでしょう。
また、グリーンバックに緑色の服を着ると、首だけが映り、身体がない幽霊のような映りになるので気をつけましょう。

ポイントは、**背景とのコントラストを常に考える**こと。
もし背景が白っぽい場合には黒や紺などはっきりした色を着る。
白ベースの服を着ると背景と一体化したり、モアレを起こしたりします。
逆に背景が濃い色の場合には、白やベージュなど薄めの色を選びましょう。
背景と同系色は避けるのが鉄則です。

私が撮影を行なう際も、テレビ番組制作時のスタイリストさんもしているように、あらかじめ壁の色やソファなど背景の色味を調べておき、出演者には対比する色を身に着けてもらうようにしています。

Webコミュニケーションで映える「映り方」

映り方で特に重要なのは3つ。**「カメラの角度」「目ヂカラ（距離）」「奥行き」**です。

❶カメラの角度

カメラの角度によって、相手に与える印象は大きく変わります。ここで言う角度とは、「カメラと目線の位置」になります。

やや上目遣いだと、子どもが母親を見上げるようなやわらかい印象を与えます。

目線より下から撮ると、あおっているような印象を与えます。大男が上から見下ろしているのと同じで、相手は威圧感を覚えるでしょう。

普通にパソコンを置いた状態だと、パソコン内蔵カメラは目線より下のあおり位置になるので、パソコンの下に台を置くなどして、やや高めに設置するといいでしょう。

より注意が必要なのはスマホです。あご下から映るような極端なあおり位置になることが多いので、スタンドを使うなど、目線より高い位置になるような工夫が必要です。

❷目ヂカラ（距離）

Webコミュニケーションで割と多いのが、目ヂカラの弱い人です。

原因は画面との距離が離れすぎていることです。

人と会う際には「距離」（パーソナルスペース）を意識するといい、とよく言われます。このパーソナルスペースの感じ方をうまく使ったのが、映画界の小津安二郎監督です。登場人物が正面でしゃべっているようなアングルから映す技法は「小津マジック」と言われ、まさに人がしゃべっている臨場感を見事に演出しました。

パソコンやスマホを通してのミーティングでもこの法則は成り立ちます。

アメリカの文化人類学者エドワード・ホールは、人間の距離と親密度の関係を次のように定義しています。

・0〜45センチ：密接距離
恋人・家族など親密な人との距離。親しい人同士なら不快にならない。
・45〜120センチ：個体距離
友達などとの距離。普通に話すならこのくらいの距離が適当。
・120〜360センチ：社会距離
ビジネスに適した距離。公式な商談や面談はこの距離が最適。
・360センチ〜：公衆距離
不特定多数を前に演説するときの距離。個人的な関係は成立しにくい。

二者の距離が近すぎると、相手は自分のテリトリーを侵されたような気がして、威圧感や緊張感を覚えます。逆に距離が遠すぎると今度は自分事としてとらえられず、話が入ってこないでしょう。

目ヂカラを感じない人の場合、距離が離れすぎて、相手が自分に向けて話しているように思えないのです。つまり、熱意が届かないのです。

適正な距離は、お互い半歩前に出れば握手ができる「社会距離」。喫茶店や会議室の机などは、これに則（のっと）ってつくられています。

オンラインの採用面接では特に、距離の取り方が重要になります。同じことを言っても、距離が遠すぎると真剣味が伝わりにくいからです。

オンライン会議を見ていると、距離が近すぎる人と遠すぎる人の両極端が多く、適度な距離を取っている人が少ないように感じます。

カメラは相手とのちょうど真ん中にあると考え、60センチ以上距離を取りましょう。

❸奥行き

オンライン会議には相手との空気感が生まれないためどうしてものっぺりとした雰囲気になってしまいます。それを打ち破るのが「奥行き」の利用です。

テレビのトーク番組に出演する「ひな壇芸人」は、奥行きを巧みに利用しています。しゃべっている人にツッコミを入れる際には、必ずその人の方向に一歩足を踏み出します。奥行きと縦の立体感を使うことで、迫力やリアリティが加わっています。距離感のない映像の中で空気感を伝え、視聴者を飽きさせないための演出です。

オンライン会議でもこの奥行きを使うことで、相手への理解度を高める演出が可能です。話している相手に向かってちょっと前のめりにうなずいたり、「いいな」と思っていることを示したい場合には、手でOKマークをつくりながら、カメラに近づけてみます。すると、相手により深く伝わるでしょう。

商品紹介をする際には、商品をカメラに近づけて見せると立体感が出て、空気感が生まれます。このように、奥行きを利用した「縦の演出」を積極的に活用し、動きを生み出していきましょう。

Webコミュニケーションで映える「話し方」

Webコミュニケーションにおける話し方で重要なのは3つ。
「テンポ」「相手に話の終わりを見せる」「声のトーン」です。

❶とにかく「テンポ」

オンラインでの話し方について「滑舌よく、ゆっくりしゃべること」と唱えている方もいるようですが、私は**早く、テンポよく話すことこそが大切**だと考えています。なぜなら、テンポのよさこそがWebコミュニケーションに求められることだからです。

私が制作しているテレビ番組でも、出演者にテンポのよさをお願いしていますが、その理由は人は**一語一語細かく聞くのではなく、「束」でとらえているところが大きい**からです。

あるお笑い番組で「おつかれさまでした」の「お」と「た」以外を違う言葉に変えたら、相手は気づくか？を検証していました。「おつかれさまでした」の代わりに、「お蔵入りでした」「大きな玉ねぎの下」と言ったところ、相手はまったく不審に思わず、「おつかれさま」と返事をしていました。「ありがとうございました」の代わりに、「アリゲーターいました」「あばら折れました」と言ったときも同様の結果でした。

多少滑舌が悪くても問題ありません。アナウンサーや朗読をする場合には丁寧さや滑舌のよさが求められますが、Web に限って言えば、テンポのよさに重点を置いたほうが心地よく相手の耳に入っていきます。

お笑いタレントは、普段より早口で話しています。

YouTuber で言えば、「ジャンプカット」という手法で話の「間」を徹底的にカットし、勢いをつけていますが、これと同じことです。

だから私もテレビのバラエティ番組の演出でも、YouTuber の収録でも同じように、少し早めのテンポをお願いしているのです。

❷口をしっかり閉じ、話し終わりを認識させる

話し方でもうひとつ重要なのは、**「相手に話すスキを与えること」**です。話が終わったら唇をきちんと閉じ、話が終わったことを態度で示します。

これはインタビューの定番でもあります。

人間は、アイキャッチでコミュニケーションを取りながら、同時に相手の口元を見て、話し終わったか否かを判断します。

ですから、上唇と下唇をくっつけるしぐさは、野球で言えば、守備と攻撃の交代の合図になるのです。相手が話しやすい状況をつくり出すことができます。

アナウンサーもよくやっているので注意して見てみましょう。私もこのことをフリーアナウンサーの魚住りえさんから教えてもらいました。

大阪の場合には、「息の吐き方」で判断するところがあります。漫才などでは、「ほんま

ですかあ〜」と息を吐いて、止めたタイミングを読んで、相方が話をはじめます。

相手に自分の話が終わったことを明確に伝えながら話すこと。

これがテンポよく会話のキャッチボールを行なうコツです。

❸いつもより気持ち高めの声で

声のトーンは、普段より気持ち高めにしましょう。**鼻あたりから声を出すイメージ**で話すと、相手にも聞きやすい声になります。

人は電話に出るとき、いつもより少し高めのちょっとよそいきの声になりますが、それと同じです。声のボリュームもいつもより少し大きめを心がけましょう。

アナウンサーは総じて高めの通る声です。

そのほうがリズムを取りやすいのかもしれません。

Webコミュニケーションで映える「聞き方」

Web コミュニケーションで大事な聞き方は**「うなずき」**につきます。

傾聴の姿勢が一番です。私もインタビュー撮影の際、話し手の方が緊張してうまくしゃべれないときは、カメラのうしろに立ち、ややオーバーリアクション気味に大きくうなづくことにしています。

すると、話し手の方も徐々にカメラに向かって話せるようになります。

「へえー」とか「なるほど」と声を出して相槌を打ちたくなるところを我慢し、黙って大きくうなずく。ゆっくり話してほしいときにはゆっくりとうなずき、テンポよく話してほしいときには、ふんふんとリズムよく小刻みにうなずく。

音頭を取ることで、相手にリズム感を与え、話しやすい雰囲気を伝えます。

音楽の速度をはかるメトロノームでいうと、76～128程度に合わせてうなずくと、相手が話しやすくなるといわれています。メトロノームは無料のスマホアプリもあるので試してみてください。

話す場合には、このうなずきがメトロノームの役割を果たします。

ですから、うなずきのリズムが崩れると、相手は話しづらくなってしまいます。

そういう意味で、聞き手は会話のリズムづくりを担っているともいえるでしょう。

リアルな対面でのコミュニケーションよりも、やや大きめにうなずき、相手の会話を引き出しましょう。

Webコミュニケーションで好感を得る「マナー」

これはWebのコミュニケーションに限ったことではありませんが、**途中で相手の話をさえぎらない**ことです。

サッカーで選手が別の選手にパスをする場合、空気感を読み、「今度は、どこにパスするぞ」と目で会話する感じに似ているかもしれません。この空気の読み合いがうまくいけば、パスもうまくつながりますが、うまくいかないと敵にパスを取られたり、誰もいない場所にボールを送ってしまったりします。コミュニケーションで言えば、話をさえぎったり、会話のキャッチボールが途切れたりすることがこれに該当します。

しっかり相手の話を聞いたうえで返答することが重要です。

これは「ラジオの感覚」ともいえます。ラジオは3秒以上無音状態だと放送事故になりますから、音楽がかかっている以外は常に誰かが話しています。パーソナリティは話を盛り上げながら進めていきますが、ゲストとパーソナリティの言葉は、笑い以外重なることがありません。見事な会話のキャッチボールの繰り返しです。

会話が重ならずに盛り上がる。オンラインの場合もこれが理想といえるでしょう。そのためには、自分のターンをしっかり把握し、相手に割り込まないことです。

もうひとつは、**「空気感を事前にセットしておく」**ことです。

従来は打ち合わせに入る前に、スーツやジャケットを着るなど服装を整えたり、駅から歩いて訪問先に向かい相手に会うまでの間にビジネスモードに気持ちを切り替えたりと空気感をセットする時間が十分にありました。

ところが、Webコミュニケーションは在宅で行なうことも多いため、日常生活から空気を変えるタイミングやシチュエーションがないまま、突然ビジネスに入り込むことも…。

極端な話をすれば、直前まで寝ていても、次の瞬間、オンライン会議に参加することが可能になったのです。ここで気をつけなければいけないのが、**生活モードからビジネスモードへの空気感の切り替えです**。

これまでリアルで行なってきたことを、Web上で最大限再現しましょう。

オンライン会議では、参加者全員が仕事の空気感で参加します。そのなか、ひとりだけ生活モードの空気感を持ち込むとどうなるでしょうか？　場の雰囲気は乱れますし、話やノリにもついていけないでしょう。

ビジネスの場と生活の場が同一であっても、空気感まで一緒にせず、打ち合わせ前には、ビジネスモードにセットすること。仕事にふさわしい髪型、服装にし、「これはビジネスだ」とマインドセットしてから臨むことです。

これはスキルではなく、あくまでもマナー。誰でもやればできることです。

仕事とプライベートのすみわけを速やかに行なうためにも、家にオンライン会議用の「おうちスタジオ」（99ページ）をつくることは有効でしょう。

タレントや俳優などテレビや舞台で活躍する人たちは、この空気感を切り替える練習をしっかり行なっているため、迫真の演技ができたり人を笑わせたりできます。

１００年以上前のロシアの演出家・スタニフラフスキーが提唱した、舞台人としての空気の切り替え方がそれです。

私も映像業界に入った時に教えられ、今でも映像演出の基本になっています。

この空気の切り替えはタレントに限らず私たちも人と会う時に普通にやってきたことです。必要なのは、空気感が切り替わるためのきっかけになるもの（こと）をつくること。

その一例が、服装や、家の中での場所づくりなのです。

私は眼鏡を変えることで仕事のオンオフを切り替えています。

他にも何でもいいので、自分にとって切り替えのきっかけになるものを見つけ、意識するようにしてみましょう。

第６章

【仕事・目的別】オンラインへの切り替え術

業種別にオンライン化できるポイントを探してみよう

ここまで、リアルに行なってきたことを一部オンラインに移行し、ワークライフシフトをはかることで、変わりつつある世の中に適応する方法をご紹介してきました。

「とはいっても、方法がわからないし……」

「自分の会社では、具体的にどうオンラインを取り入れたらいいのか、よくわからない」

という方も多いでしょう。

本章では、業種、職種別にワークライフシフトのポイントをご紹介していきます。

これまで、私が携わってきた各業界の事例をもとに、できそうなこと、やれそうなことを集めてみました。

「自分の仕事はオンライン化などできない」とあきらめる前に、「何かできることはないか？」という視点でもう一度見直してみましょう。

何かしら参考になることがあるはずです。

最初は小さな変化かもしれませんが、少しずつ力をつけ、やがて先の見えないこの時代を乗り切る大きなパワーへと変わっていくでしょう。

できないと思っていたことをぜひ現実化させてください。

セミナーの場合

セミナーは、従来、ホールや会議室などにたくさんの人を集客し、講師を招いて話をする形が取られてきました。けれども、

・大人数を集められないからリアルのセミナーを開催できない
・講師が地方に行けない
・参加者が参加したくても会社や家族の許可が得られず、セミナーに参加できない

という理由から、リアルのセミナー開催が難しくなっています。

ですが、セミナーは比較的ワークライフシフトしやすい業種です。

ここで大事なのは、**主催者側と参加者側、それぞれの事情（ＴＰＯ）に合わせた形をつ**

くっていくことです。

これまでも述べてきましたが、リアルセミナーをすべてオンライン配信に切り替えるのではなく、相手の状況や環境を考えて、いろいろな選択肢を持てるようにします。

まず、リアルな会場に参加したい人もいれば、参加できない人もいるでしょう。

そこで、リアルセミナーの開催とオンライン配信という選択肢をつくり、参加者の事情に合わせて選んでもらいます。

もしくは、会場でのリアルセミナーとオンデマンドの2本立てでもいいでしょう。

オンライン配信のみという形は、最近、どの企業もこぞって行なったため、今は少し変化を求められているように感じます。

「可能なら、リアルに参加したい」と希望する人も一定数いるのです。

リアルかオンラインか?ではなく、できるだけ多くの人の意見を汲めるよう、複数から自由に選べるハイブリッド型に変えていきましょう。

リアルセミナー一択から、「リアル」か「オンライン配信」か「オンデマンド」か、状況に合わせて選んでもらう。

これがセミナーにおける大きなシフトチェンジです。

オンライン配信の手順

オンライン配信の際には、次のような4段階で進めていくのがいいでしょう。

❶リアルとオンラインの比較

第1章で話したように、まずは従来のリアルセミナーの手順を時系列で列挙し、ひとつずつオンライン化できるか？を比較しながら考えていきます。

❷集客

オンライン化の手順がかたまったら、次は集客です。これは従来と同じようにWeb広告、SNS、ブログ、チラシなどが考えられるでしょう。

❸開催方法の比較

メインでおすすめしたい商品（バックエンド商品）を知ってもらうために行なう、比較的低価格（フロントエンド）のセミナーを用意します。お試しセミナー、入門セミナーとも呼ばれるものです。この開催法は3つあります。

Ⓐリアル

会場を借りてリアルに開催し、その場でクロージングします。リアルで行なう場合には「with コロナ」のワークライフシフトを考える必要があるでしょう。3密を避けるにはどうすればいいか？　ソーシャルディスタンスを保つには？　検温、換気やマスク、隣の席の間隔などの策を講じましょう。

Ⓑオンライン

セミナーをリアルタイムで中継する形です。Zoom のミーティングで開催するのか、ウェビナーかを考えます。たとえば、離婚、お金、占いなど、プライバシーを特に気にする案件については、参加者がわからないウェビナーがいいでしょう。

Ⓒオンデマンド

リアルタイムで視聴してもらう必要性がそれほどない場合には、あらかじめ内容を録画しておき、申し込んだ方に随時動画のＵＲＬを送るオンデマンド方式がいいでしょう。参加者も自分の好きな時間に視聴できます。

フロントセミナーは、オンライン、もしくはオンデマンドに切り替えていいように思います。オンデマンドによるメリットが２つあるからです。

ひとつ目のメリットは、「距離」を超えられること。興味ある人なら東京、大阪、沖縄……など地域に関係なく視聴してもらえます。

もうひとつのメリットは、「時間」。相手のライフスタイルに合わせて、早朝でも夜中でも、好きな時間にいつでも視聴しもらえます。

オンデマンドには２つの方法があります。

ひとつは、あらかじめ録画したものを編集し、YouTubeやVimeoにアップして、希望者にURLを送って随時視聴してもらう方法。

もうひとつは、ZoomのSNS連携機能を使う方法。たとえば、Facebookに秘密のグループをつくり、まずはそこでメンバーを募ります。

次に、ZoomとFacebookを連携し、ライブ配信します。

その様子は同時録画されるため、グループのメンバーでリアルタイムで視聴できなかった人は、別途視聴することができます。

秘密のグループなので、メンバー以外の人は視聴することができません。

私も3つのグループで後者の方法を利用していますが、オンデマンド用に新たに編集する手間がないので非常に楽です。

グループメンバーは復習として繰り返し視聴することもできますし、当日参加できなくても自分の好きな時間に視聴できることから好評です。

オンデマンドの2つの方法

① 録画し、YouTube、Vimeo にアップ

↓希望者に随時URLを送る

② Facebook に秘密のグループを作成

↓Zoom と Facebook を連携させ、Zoom のライブ配信を Facebook 内で視聴（リアルタイム、後日とも視聴可能）。

❹クロージング

フロントセミナーで人を集めたら、バックエンド商品である、スクールやメインのセミナーなどにクロージングするためのアプローチをつくっていきます。

Web サイトへの誘導、メールマガジンの登録、場合によってはオンライン飲み会などもその方法のひとつとなるでしょう。

このような手順を行なうのが、セミナーのおおまかな流れになります。

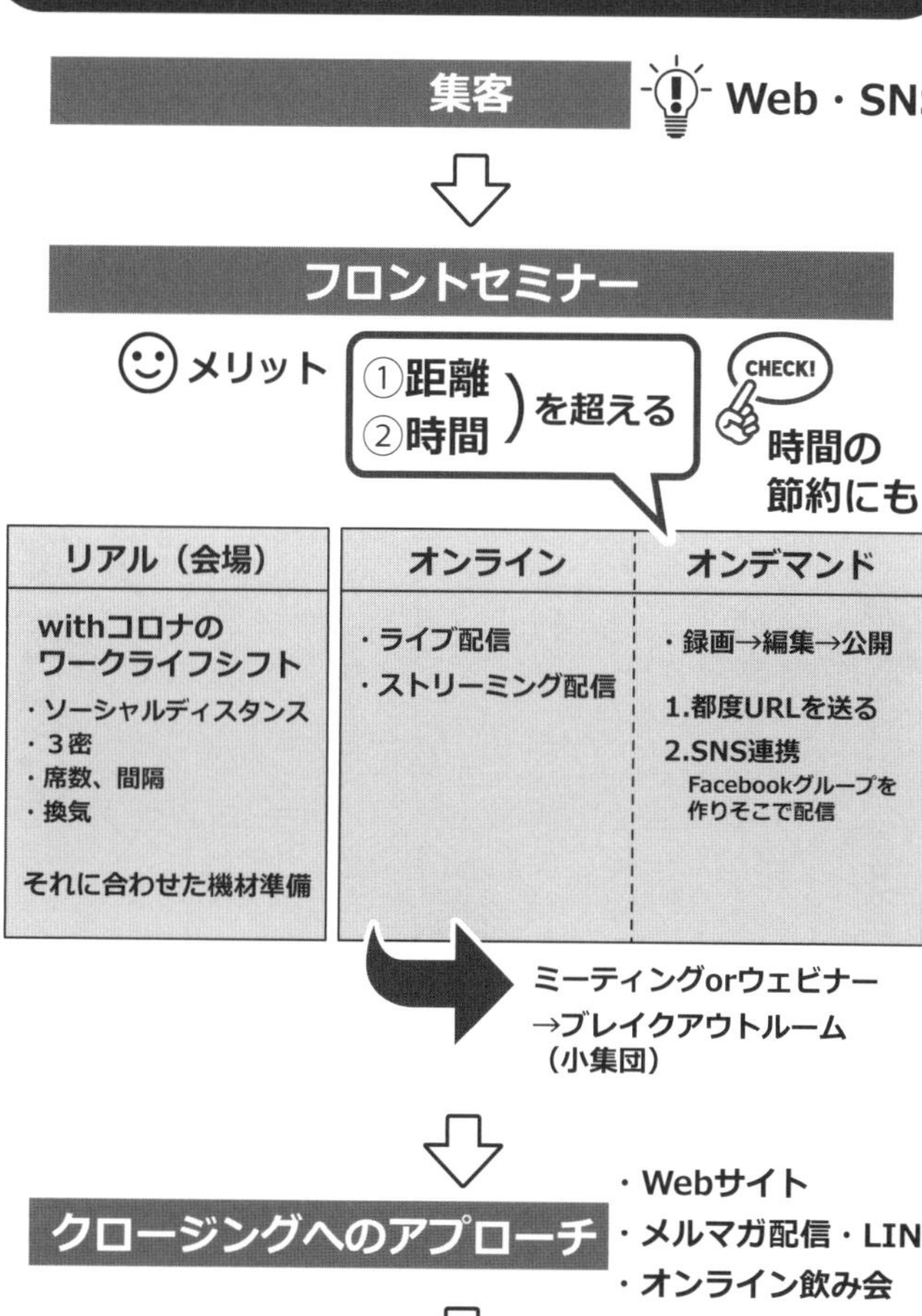
セミナー
集客
Web・SNS
フロントセミナー
メリット
①距離
②時間
を超える
CHECK!
時間の
節約にも！
リアル（会場）
withコロナの
ワークライフシフト
・ソーシャルディスタンス
・３密
・席数、間隔
・換気
それに合わせた機材準備
オンライン
・ライブ配信
・ストリーミング配信
オンデマンド
・録画→編集→公開
1.都度URLを送る
2.SNS連携
Facebookグループを
作りそこで配信
ミーティングorウェビナー
→ブレイクアウトルーム
（小集団）
クロージングへのアプローチ
・Webサイト
・メルマガ配信・LINE
・オンライン飲み会
バックエンド商品の申し込み

セミナーや教室ごとに詳細を考えよう

一般的なセミナーであれば、ほぼすべてオンライン配信に切り替えられます。詳細をどう調整していくかを個別に考えていく必要があるでしょう。

単に話すだけであれば、Zoomミーティング、もしくはウェビナーで配信が可能です。

ヨガや体操、剣道、筋トレなど運動系、また動きのあるものを教える場合には、複数のカメラがあるといいでしょう。

メインカメラ——パソコンなど。顔が映るように。

第2カメラ——Webカメラ、一眼レフなど。全身が映るように。

Zoomの第2カメラ機能を使って、画面の切り替えを行ないます。

もしくはスマホに通常レンズと広角レンズが両方ついている場合には、動画アプリを使えば1台で役目を果たします。

iPhone12で2台分の撮影を

iPhone12なら、標準カメラと広角カメラが入っているため、右記のように2台用意しなくても1台で引きも寄りも撮ることができます。

その際には、FilMic Proという動画アプリを使いましょう。

価格は1860円ですが、DoubleTakeというアプリを追加でインストールすることで、iPhoneについている2つ、もしくは3つのカメラをそれぞれ同時に録画することができます。

つまりスマホ1台で、カメラ3台設置しているのと同じことになるのです。「引き」と「寄り」も同時に撮れますから、編集してオンデマンドで流すこともできます。

Zoomの第2カメラ機能

Zoomを配信するパソコンに2台以上のカメラが接続されていると「第2カメラ」機能を使用することができます。

1.ミーティング画面下の「画面の共有」を選択

2.画面上の「詳細」の画像を選択

3.「第2カメラのコンテンツ」を選択

第2カメラに切り替わります。

「共有の一時停止」：一時的に相手から第2カメラの映像は見えなくなる。「再開」を押すとふたたび映像が映る。

「共有の停止」：第2カメラの画面から第1カメラに切り替わる。

共有するウィンドウまたはアプリケーションの選択

ベーシック　詳細　ファイル

画面の部分　コンピューターサウンドのみ　第2カメラのコンテンツ

Click!

☐ コンピューターの音声を共有　☐ 全画面ビデオクリップ用に最適化　共有

グループに分かれて活動する場合

最初に主催者が話をし、途中で少人数グループに分かれて活動する場合があります。それをZoomで行なう場合にはブレイクアウトルームを使いましょう。ルームは最大50個まで分けられます。

全国各地の講師と中継する場合

各地で同時中継を行ないたいなら、「Stream Yard」を利用してみましょう。パソコンひとつで、YouTube、FacebookなどのSNSに同時配信することができます。

たとえば、講師に遠隔地から出演してもらう際などに便利です。東京でオンラインセミナーを開催し、大阪や福岡、北海道など全国各地の講師に次々出演してもらうのです。

テレビの同時中継のようなことが簡単にできるのが、このStream Yardです。画質や音質も非常によく、テロップを入れられる点もおすすめです。

家庭教師・個人レッスンの場合

家庭訪問教師から個人教師へ

家庭教師もワークライフシフトしやすい仕事のひとつです。

これまで、家庭教師＝「家庭訪問教師」でした。今はZoomなどのWebコミュニケーションを利用すれば、家庭を訪問しなくても教えることができるので「個人教師」です。

家庭訪問教師から個人教師へ。

これこそが家庭教師のワークライフシフトでしょう。

家庭教師の使命は、その子にとって最適な教育プログラムを作成し、実行すること。つまり、「個人の最適化」が最重要です。それがオンライン化により、明確になりました。

オンラインでの家庭教師は、Zoomミーティングで実現可能です。

画面共有とホワイトボード機能、さらに第2カメラ（書画カメラ／85ページ）があれば、家庭教師として求められることはほぼ網羅できます。

先生側のメリット――シフトの効率化、きめ細かい指導

先生側のメリットは、移動時間による制約がなくなること。シフトの効率化が図れます。

これまでは、1日に1、2件指導するのが限度でしたが、オンライン化すれば「14時～15時はAくん」「15時～16時はBさん」「20時～21時はCくん」「21時～22時はDくん」と詰めてスケジュールを組み立てることも可能です。

時間の制約も緩くなったので、早朝や夜間も幅広く対応できるでしょう。

Googleカレンダーを連携することで、スケジュール管理と共有もできますし、件数をこなすことができるでしょう。

また、生徒が問題をノートなどに手書きで解いている様子は、第2カメラで手元を映す

ことにより、リアルタイムではっきり見ることができます。

たとえば、数式や漢字の書き順などの間違いをその場で指摘できるなど、リアルよりも細かい指導が行なえます。

生徒側のメリット――自分に最適な先生を選択可能

一方、生徒側にとってのメリットは、距離を超えて自分に合った先生を選ぶことができる点です。

これまでは、家庭教師を選ぶ第一条件に「家に通える距離にいる人」がありました。

オンラインは距離の制約がないので、住まいに関係なく自由に選ぶことができます。

たとえば、岡山県在住で千葉大学志望の学生がいたら、千葉県在住の千葉大学に通う学生から教えてもらえることも十分可能なのです。

さらに言えば、本場の英語を教えてもらうために、アメリカ在住の人に頼むこともできます（時差の問題がありますが）。

リアルな家庭教師では、教える様子を録画することはまずありませんが、Zoomでは自動的に録画されるので、授業の様子を見直して復習することができます。

オンライン家庭教師にあると便利なガジェット

家庭教師にあると便利なアイテムは、パソコンのほかに、手元を映すための第2カメラ。85ページでもご紹介した「書画カメラ」は非常に使い勝手がいいです。

生徒側も同じく書画カメラを設置すれば、「教科書のこの部分がわからない」という生徒からの質問にも即対応できます。

そのほか、先生がまず数式を実際に解いて見せ、次に生徒が問題を解く様子を先生が確認する、ということも簡単にできます。

数式、朗読、ピアノ、バイオリン――広く使えるオンライン

同様に、朗読などにも使えます。パソコンのカメラで生徒が朗読する様子を映し、第2カメラで教科書の文字を映しておけば、漢字の読み間違いなどを先生がすぐに指摘できます。机で勉強する座学に関しては、ほぼ網羅できるでしょう。

応用で、ピアノやバイオリンなどの音楽のオンラインレッスンも可能です。

第2カメラで手元を映し、それに対して先生が指導します。

先生が弾くお手本もカメラを通じて確認することができます。

楽譜も画面共有できるので、間違えた箇所をすぐに指摘することもできますし、先生と連弾もできるかもしれません。

家庭教師・個人レッスン

オンラインで「個人教師」に

使える機能

Zoomミーティング
- 画面共有 ➡ 教科書、問題集の共有
- ホワイトボード機能 ➡ 板書代わりに（リアルな授業の再現）
- 第２カメラ ➡ 手元をリアルタイムに見られ、細かい指導ができる
- 録画機能 ➡ 繰り返し見て、復習できる（生徒）

メリット

家庭教師側

- 移動時間がないので、件数を増やせる
- 早朝・夜間、場所を問わず対応可能

生徒側

- 住んでいる場所に関係なく、自分のニーズに合った先生を選べる

【準備する機材の例】

○**メインカメラ…**Webカメラやpcのインカメラでも可。
○**スピーカー/マイク…**体を動かしやすいので会話しながら資料を机上で準備できる。
- Jabra SPEAK510

○**Webカメラとミニ三脚…**手元を映す第2カメラ用に準備。
- ロジクール C920 PRO HDウェブカメラ
- Ulanzi MT-08… ミニ三脚。 第2カメラ用三脚として使える。

書いている人と同じ目線から手元を見せたい時はアーム式の三脚を使用。

学校の場合

学校のワークライフシフトも、まさに「オンライン授業」です。**リアルな授業、コミュニティ、コミュニケーションをいかにオンライン化するか。**

多くの学校が模索を繰り返しています。学校間でオンライン化に格差がありますが、学校側がいかに環境変化を受け入れられるか？の差によるものです。

後に挙げる営業職などでは、お客さんに合わせたワークライフシフトを考える必要がありますが、学校の場合には教育委員会や国も含めた、行政に合わせるワークライフシフトが求められるでしょう。

ここでも大事なのは、「リアルかオンラインか？」ではなく、その中間も考えること。

決められた規制の中で、これまでやってきたことをできる限りオンラインで再現する。それを助けるのが「ツール」や「ガジェット」の力です。

通常の授業であれば、Zoomミーティングが使えます。**Zoomの「スポットライトビデオ」機能を使えば、指名した生徒を画面に大きく映すこともできます。**授業と同じように、「はい、○○さん」と指して答えてもらうのと同じリアリティを再現できるでしょう。

少人数の指導ならブレイクアウトルームを使いましょう。最大50個のグループに分けることができます。管理者は参加者を振り分けられるので、時間を区切って生徒にグループワークを行なわせることも可能です。

管理者はそれぞれのグループを自由に行き来することができます。

よりリアルな授業を再現する場合には、電子黒板を使わず、あえて実際の黒板に書き、撮影をするのもひとつの手です。

たとえば、テレビの情報番組「関口宏のサンデーモーニング」では、説明を映像で流すのではなく、あえて手書きのフリップや黒板を使うことがあります。デジタルの中にあえてアナログを入れ込むことで、リアルさを出しているのです。

授業でもこの手法を活かすことができます。

進路指導も、Zoomミーティングでできるでしょう。

プライバシーを重視するなら、「カウンセリング」の項目でご紹介する「ミーティングロック」（164ページ）機能を使って、ほかの人の侵入を防いでもいいでしょう。

画面共有すれば、書類を見せることも可能です。

学　校

オンライン授業

使える機能

Zoomミーティング

・スポットライトビデオ機能
➡　生徒を当てて答えてもらう

・ブレイクアウトルーム機能　➡　グループ学習

・第２カメラ（書画カメラ）　➡　手書きや手先の作業にも対応

メリット

・リアルに近い授業がオンラインで行なえる

【準備する機材の例】

○**メインカメラ…**WebカメラやPCのインカメラでも可。

○**スピーカー/マイク…**体を動かしやすいので会話しながら資料を机上で準備できる。

・Jabra SPEAK510

○**Webカメラとミニ三脚…**手元を映す第2カメラ用に準備。

・ロジクール C920 PRO HDウェブカメラ

・Ulanzi MT-08… ミニ三脚。 第2カメラ用三脚として使える。

書いている人と同じ目線から手元を見せたい時はアーム式の三脚を使用。

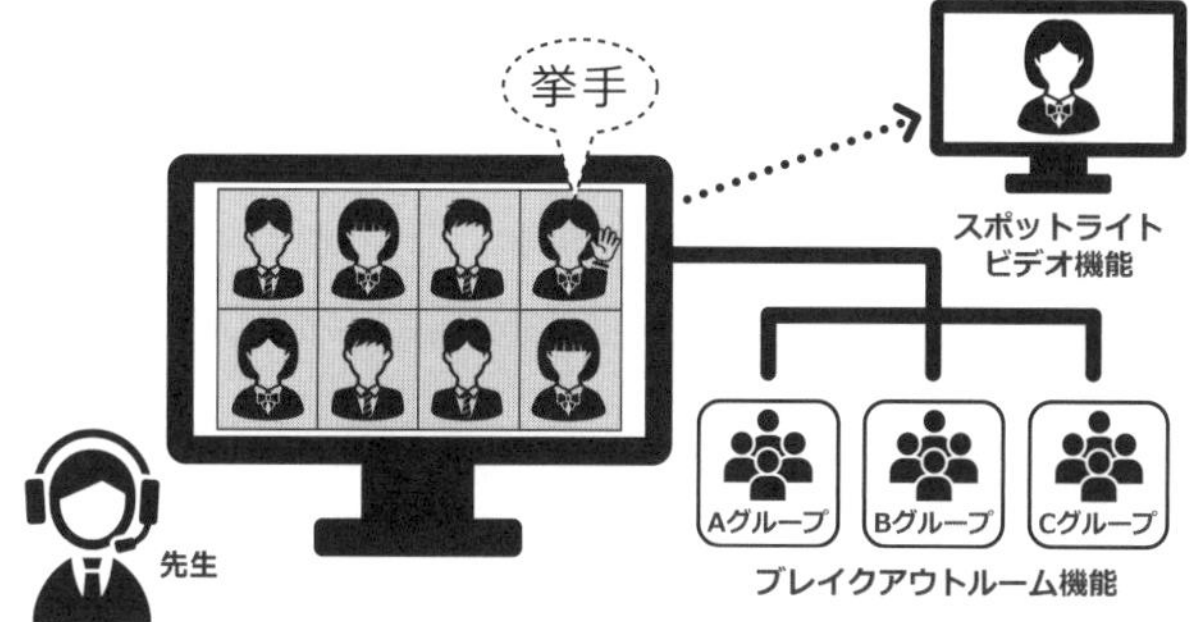

カウンセリングの場合

カウンセリングは、1対1のやりとりが多いので、Webコミュニケーションに向いています。

オンライン診療解禁により、心療内科はオンライン化できるようになりました。

それと同様に、カウンセリングもオンライン化は十分可能です。

このご時世、オンラインカウンセリングのニーズは高まっているようです。

実際、「オンライン対応できます」とサイト上で明言したカウンセリングルームでは、利用者が増加しているそうです。

カウンセリングをオンラインで行なう際、特に気をつけたいのは、**「背景」「照明」「プライバシー」**の3つです。

クライアントの話をしっかり聴くためには、話しやすい雰囲気と安心して話せる空間をつくることが大切です。

オンライン診療は医師の自宅ではなく、診療室から行ないますよね。それは診察の空気感をオンラインでも表現するためでもあるでしょう。

それと同じく、オンラインカウンセリングもカウンセリングルームから行なうのが適していると思います。通常のリアルカウンセリングでクライアントが求めていることを、オンライン上でも最大限表現しましょう。

背景と照明で話しやすい雰囲気をつくる

クライアントが話しやすい空間をつくるために、背景と照明を工夫します。

Ⓐビデオフィルターで画面を落ち着いた色味に

部屋の雰囲気はあまり明るすぎないほうがいいでしょう。太陽が差し込む日当たりのいい場所より、灯りを少し落とした、落ち着いた雰囲気のほうが向いています。

また、第三者に聞かれる心配を払拭する必要もあります。

人は、「暗いところには誰もいない」という潜在意識があるといいます。

リアルなカウンセリングルームでは間接照明を使って照明をやや暗めにし、安心感を醸し出すことが多いですが、オンラインでもその空間を再現しましょう。

Zoomのビデオフィルターで、落ち着いた色味に落としてもいいでしょう。

Ⓑピンライトで安心感を与えよう

光は一カ所に集めず、散らしましょう。**リングライト**を使うのがおすすめです。

ピンライトを自分に当て、自分以外には人がいないことを示すのも、安心感を高めるひとつの方法です。

ちなみに光を強く当てるのは、宗教芸術では教祖や信仰主体のカリスマ性を強調するときによく使われる演出手法です。

前から当てるとカリスマ性が出ますし、後ろから当てると後光が差して迫力が出ます。

仏教ではろうそくを立てますが、下からの後光のあおりをつくる演出にもなっています。このように光には雰囲気を操作する効果があります。お堂に差し込む太陽光を巧みに操作し、阿弥陀三尊像に後光を与える国宝が兵庫県の浄土寺にあります。この光の演出は、敬服すべき先人の知恵だと思います。

ⓒリアルな声が安心感を増幅させる

カウンセリングのワークライフシフトにおいて、もうひとつ大事なことがあります。それは「声」。人はロボットのような電子音に対して心を開きにくいもの。できるだけリアルに近い声を相手に届ける必要があります。

そのためにはマイクにもこだわりましょう。パソコンのマイクは機種にもよりますが、そのまま使うとかなりリアルの声と変わってしまいます。信号化され、複合化されたものだからです。よりリアルな声を表現するには、75ページでご紹介したコンデンサーマイクをおすすめします。

低音域から高音域まで幅広い周波数を拾うことができる感度の高いマイクです。

プライバシーを守る配信

Ⓐミーティングロックでプライバシーを強固に

リアルなカウンセリングでは、自分とカウンセラーのほかに誰もいないことは一目でわかりますが、オンラインの場合にはそれがわかりづらい面があります。

安心して話せる環境を整えることが大切です。

Zoomには、ミーティング後、ほかの人が入り込めないよう鍵をかけることができます。**「ミーティングロック」**という機能です。画面下「セキュリティ」→「ミーティングのロック」を押します。再度押すと、ロックは解除されます。

Ⓑよりリアルに近づく一言を

カウンセリングをはじめる前に、オンラインに際しての説明を行なうと、クライアントの安心感はより一層増すでしょう。

・自宅などではなくカウンセリングルームで行なっていること
・周囲には誰もいない（自分ひとり）ので、ほかの人に聞かれる心配はないこと

・「ミーティングロック」をかけたので、自分たち以外は入り込めないようになっていること

を事前に説明しましょう。

リアルにより近づき、クライアントが話しやすい環境をつくることができます。

カウンセリング

オンラインの場合

ポイント
安心感をいかに
演出できるか？

●聴き方…うなずき・声

よりリアルに
近い声を

●カメラの位置…目高
（同じ目線で）

●照明・背景
…空気感・雰囲気作り

間接照明
適度な暗さ

●プライバシー
…Zoomミーティングロック

画面にカギのかかる
2人だけの空間

コンサルティングの場合

コンサルティングには、「ナレッジ提供型」から「現場改善型」までいろいろなパターンがあります。

前者は置き換えがしやすいので、すでにオンライン化が進んでいるかもしれません。オンライン化により、地域や距離を超えられるというアドバンテージがありますから、やらないのはもったいない業種です。

たとえば、沖縄の人たちは沖縄での信用を大切にし、内地（本州）のものにすぐ飛び付かない傾向にあります。そのため、沖縄でビジネスをするためのコンサルティング会社も多数あります。これまでは、東京にオフィスがある場合、沖縄へ足しげく通う必要がありましたが、今は沖縄に出張しなくてもすぐにコミュニケーションを図ることができます。

さらに言えば、東京のオフィスにさえ行く必要がなくなりました。

このように、場所と時間の制約がなくなり、人と会う件数が増やせます。特にビジネスの流れが変わりつつある今、ニーズも高まっていますから、マインドをちょっと変えるだけで、チャンスはいくらでも眠っていると思います。

「現場改善型」の場合

現場をチェックして業務を改善する「現場改善型」コンサルティングの場合も、スマホを活用すれば十分対応できます。一時期、工務店向けに、施工現場とのコミュニケーションから経営改善まで一元管理できることを売りにしたアプリのテレビCMを盛んに見ましたが、実際にはZoomを使えばコミュニケーションの大部分はフォローできます。

工場の効率化を図るなら、スマホからZoomをつないで各部門を回ってもらえば、現地確認、工場見学も簡単にできます。

図面や資料の共有は、画面共有を使えばすべて可能です。

相手のパソコンはZoomのリモート操作機能を利用すれば操作できますから、時間短縮にもなるでしょう。

難しいのは「潜入捜査」のような、人の輪の中に入り込みながら現状を探るタイプのコンサルです。

本人に直接会って愚痴を聞くことはできませんが、Zoomでも本音トークができる雰囲気づくりをすれば、これらも可能になるかもしれません。

コンサルティング

業務改善型・・・オンライン化しやすい

使える機能

Zoomミーティング

- リモート機能 ➡ 資料の共同作成
- ブレイクアウトルーム ➡ 少人数での小グループ活動
- 通訳機能 ➡ グローバルなミーティング

メリット

- （ナレッジ提供型のコンサルティングの場合）
  移動時間が不要になり、クライアントとのミーティング回数が増やせる

【準備する機材の例】

○**メインカメラ…**WebカメラやPCのインカメラでも可。

○**スピーカー/マイク…**体を動かしやすいので会話しながら資料を机上で準備できる。

- Jabra SPEAK510

○**Webカメラとミニ三脚…**手元を映す第2カメラ用に準備。

- ロジクール C920 PRO HDウェブカメラ
- Ulanzi MT-08… ミニ三脚。 第2カメラ用三脚として使える。

現場改善型・・・スマホを活用

使える機能

Zoomミーティング

- スマホにつないで ➡ 現場確認、工場見学
  場所を問わない映像での確認
- 画面共有 ➡ 図版、資料の共有
- 第２カメラ ➡ 手元作業の確認
- リモート機能 ➡ オペレーションのサポート

メリット

- 遠隔地、複数拠点での製造など、管理者と現場との連携による改善策を提案できる

税理士など士業の場合

税理士の仕事には、大きく分けてコンサルティング業務と事務サポート業務がありますが、いずれもZoomで十分対応できます。

比較的ワークライフシフトしやすい職種と言えるでしょう。

帳簿や会計情報の入力、領収書のとりまとめ、費目のエントリーなどの事務作業は、Zoomのリモート操作を利用することで対応できるので、訪問サポートの必要もなくなります。

また、コンサルティング業務はナレッジの提供なので、これもZoomミーティングを行なえばいいでしょう。

税理士に限らず、行政書士、司法書士、弁護士などのいわゆる「士業」と呼ばれる職業でもオンライン化は可能です。

弁護士の場合は、案件によっては、コンサルティングに近い形になるでしょう。

行政書士、司法書士は、対行政の窓口対応の側面が強いので、自動車の登録事務所など、行政窓口のオンライン化にゆだねるところはありますが、今後の変化が期待されます。

税　理　士

経理ソフト入力業務のサポートはリモート操作で解決

使える機能

Zoomミーティング

・リモート機能　➡　入出金の入力
費目のエントリー

・第2カメラ　➡　帳簿の確認
領収書管理

【準備する機材の例】

○**メインカメラ…**Webカメラやpcのインカメラでも可。
○**スピーカー/マイク…**体を動かしやすいので会話しながら資料を机上で準備できる。
・Jabra SPEAK510
○**Webカメラとミニ三脚**　手元を映す第2カメラ用に準備。
・ロジクール C920 PRO HDウェブカメラ
・Ulanzi MT-08… ミニ三脚。 第2カメラ用三脚として使える。

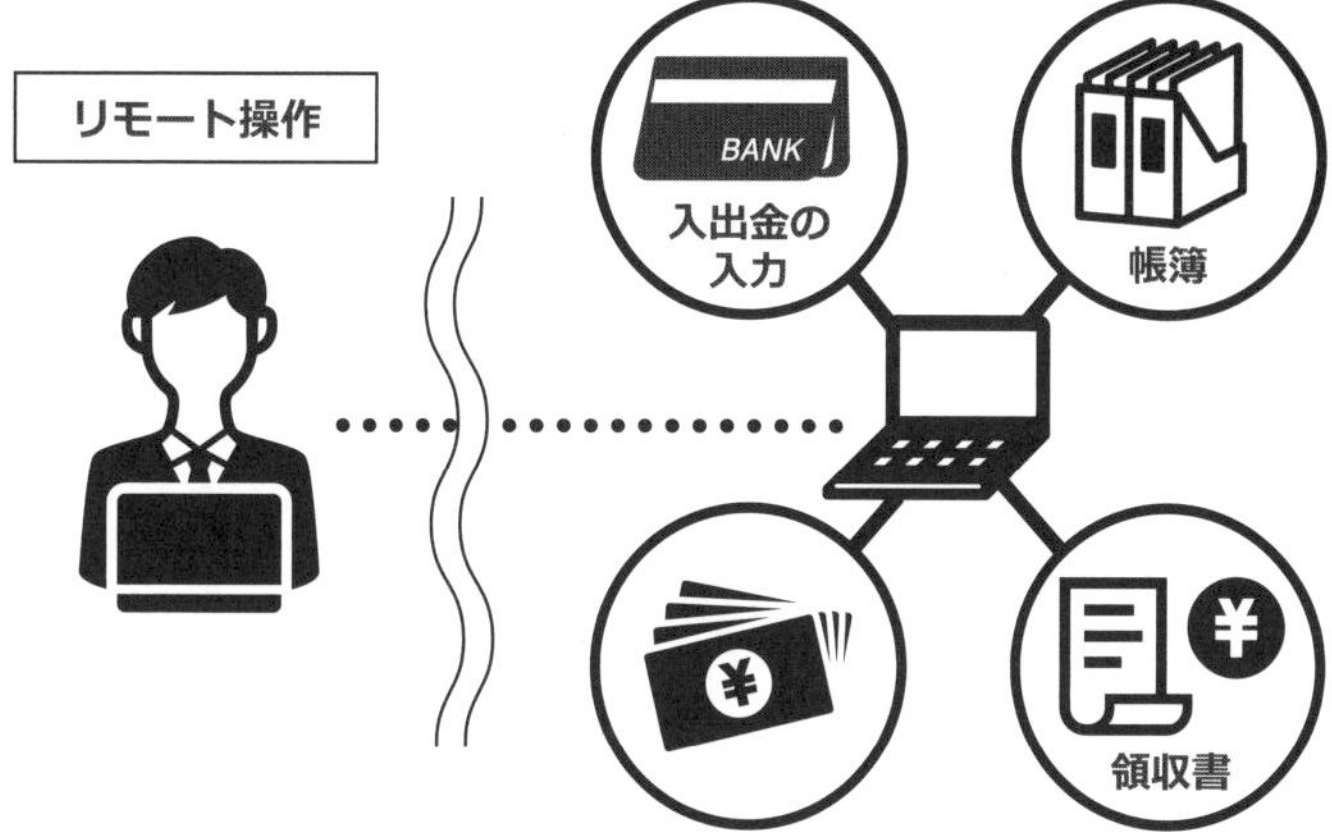

営業の場合

先日、営業職200名を対象にオンライン会議を開催しましたが、特に新規営業に苦労している状況がよくわかりました。「コロナ禍で収入も不安定だから」と断られることも多いといいます。

しかし一方で、それを理由にしているのは、売り上げを上げていない人ばかりで、**前と変わらないか、むしろ売り上げを伸ばしている人も数多くいました。**

実は、営業職は比較的オンライン化しやすい職種です。

実際の訪問をZoomに置き換えていくことができるからです。

❶新規営業

この状況下で売り上げが上がる人の共通点

初対面の相手にいきなりオンライン営業は難しいと言われています。関係性が築けていないため、オンラインでの空気感をうまくつくり出せないからです。

けれども、知り合いからの紹介であれば話は違います。

自分と相手との間に共通の知り合いがいることで関係がつながっているので、オンラインでも空気感をつくりやすいのです。紹介営業にシフトしていくことで、オンラインのみで営業活動することも可能になります。

とはいっても、営業は相手ありきですから、一方的にオンラインを押しつけるわけにはいきません。相手の望む手段に合わせる必要があります。

ここで、できる人とそうでない人との差が生まれます。

このコロナ禍で、完全コミッション制を取る会社では一銭も稼げない人から月収100

0万円プレイヤーまで、営業成績に大きな差が出たといいます。

売り上げを上げられない人に共通するのは、**ワークライフシフトを「リアルかオンラインか」で考えるところ**です。

相手に「リアルの訪問は断る」「Zoomなんかできない」と言われたら、「もう終わりだ。ほかに手立てがない」とあきらめてしまうのです。

リアルもダメ、オンラインもダメ。だから終わり、というわけです。

ちなみに、売り上げられない人は総じて「Zoomには血が通っていない」と否定的です。

一方、できる人に共通するのは、**常に〝次の手〟を考えていること**です。

「ハイブリッド型を提案できる」とも言い換えられるでしょう。

リアルがダメ、オンラインもダメ。そこで終了にはしません。

「電話」を提案するのです。

この「電話」というのがポイントです。血が通っていないオンラインに「電話」という既存ツールを使うことで血を通わせる工夫をしています。

私は営業に関して、次のような方法をすすめています。

紹介先の相手とのZoomミーティングが終わったら、すぐにキーマン（紹介してくれた人など）に電話をかける、というものです。

Zoomミーティング終了直後は次の予定が入っていないことが多いので、電話がつながりやすいのです。何より、慣れないZoomミーティングが終わってホッとしているところに、使い慣れた電話で会話ができることで、相手も心を許してくれます。

Zoomに慣れていない人にほど、この対応は効果的です。

オンラインという無機質なつながりの間に、「電話」という既存のツールを埋め込み、よりリアルに近いつながりを生み出すのです。

相手のスケジュールに合わせた行動を

できる人のもうひとつの共通点は、**「相手のスケジュールに柔軟に合わせることができる」**ということ。

たとえば、海外と取引のある場合、時差の関係で、朝4時からオンラインミーティングを行なうこともあります。

ある人は社長がゴルフに出かける前の朝5時にアポイントを入れました。朝5時から実際に面会するのは難しいですが、オンラインなら可能です。

そして、このような柔軟なスケジュールにも対応できる人が売り上げを伸ばしていけます。相手が20時からのミーティングを希望したとき、「その時間は就業時間外なので……」と断る人はだいたい売り上げを落としています。

相手の希望時間である20時に合わせて予定を組めるかを考えることが、これからの働き方と言えるでしょう。これに対応できる雇用形態への移行が雇用主にも社員にも求められてきているのを肌で感じます。

柔軟なスケジュールを組めるということは、自分の時間をつくり出すこともできる、ということ。「16時~17時は子どものお迎えがあるから」とミーティングを避けることも可能なのです。

いかに臨機応変に対応できるか。

それが売り上げを左右すると言っても過言ではありません。

営業の売り上げは、精査されたターゲット（興味ありそうな人）に対する訪問回数で決まります。１００件行けばひとりくらいつかまるかもしれませんが、10件からひとりを探すのは至難の業。

であれば１００回訪問するにはどうすればいいか？を考えたほうが得策でしょう。

その効率化ツールとしてオンラインは大いに使えます。

営業事務とのオンライン連携を

お客さんにはリアルな訪問をする場合でも、営業事務の人とはWebコミュニケーションで密な連携を取っておくと業務もスムーズに運びます。

取引先との打ち合わせ中に、Zoomでつないで見積もりを作成してもらい、それを画面共有してお客さんに見てもらえれば、大幅な時間短縮になるでしょう。

社内に対するワークライフシフトを行なうことでも、仕事の効率化をはかれます。

❷ルート営業

効率化、タイミング化をはかる

ルート営業の場合には、たとえばA社は毎週火曜に訪問、B社は2週間に1回御用聞きに、C社は月末に集金……その人に応じた1カ月のおおまかな訪問サイクルとスケジュールがあるでしょう。それらの顧客への定期訪問を中心に、オンラインのスケジュールシフトを組んでいきます。

オンラインでは移動がありませんから、時間や場所の制約はなくなります。

これまで出張しないと顔を出せなかった遠方の取引先にも頻繁に顔を出すことができます。受発注は相手と会う頻度に比例しますから、関係を深める大きなチャンスかもしれません。

また、これまでは五十日(ごとび)と言われる日は集金や銀行に行く人が多く、車も渋滞するため、訪問できる件数には制限がありました。

でも、オンラインなら五十日でも渋滞を気にせず予定を組むことができます。

とはいっても、営業の場合のコミュニケーション手段は「相手ありき」です。相手先が「会わないとクロージングできない」と考えているのであれば、もちろん訪問することが重要になります。ただ、毎月のノルマがある場合、締め日の20日に受注が取れるのと、21日に受注が取れるのとでは大きく意味が変わってきます。「もし20日はリアルでは会えないけれど、オンラインなら会える」と言われた場合には、オンラインを使ってでも契約を取ったほうがいいわけです。

「営業は足で稼ぐものだから、オンライン化はできない」と0か100かで考えるのではなく、**選択肢として訪問、電話、FAXのほかにオンライン、チャットを加え、相手の意向を探りながら、可能性を追求していきましょう**。相手に合わせた方法を取れるよう、リアルからオンラインまで、選択肢を多く持った営業は強いのです。

iPad支給で経費節約

これは、経営側の話になりますが、1時間当たりの営業行為に対する費用を考えたら、

iPadを支給したほうが安くあがる場合もあります。

ある保険会社では、傷害保険の査定を行なうのに移動や人件費含めて1回数千円かかっていました。例えば5000円の保険金を支払うのに、経費がそれ以上かかってしまうことがあったのです。これでは完全に赤字です。それであれば、簡略化し、調査なしで保険金を支払えば、移動費が削減されるし、お客様にも喜ばれます。

ということで、傷害保険の査定を一部簡略化することにしました。

一見、損にも見えますが、実は得をする「損して得取れ」方式です。

これと同じ考え方で、営業の移動費に1回5000円かかる場合、20回以上訪問するなら、iPadを1台買ったほうが安くあがります。今後、リアルな訪問営業をしにくい状況が続くことも考えられます。どちらがいいか。検討の余地はあるかもしれません。

営　業

新規営業

使える機能

Zoomミーティング
・画面共有　➡　内勤営業事務との画面を共有しながらプレゼン

メリット

・移動時間がないので、訪問件数を増やせる
・遠方の取引先とも会いやすいので、担当エリアを広げられる
・相手のスケジュールに合わせやすい

ルート営業

使える機能

Zoomミーティング
・ドライブ共有　➡　共有データの改変を営業同士で行なえる
（Google Driveなど）

メリット

・移動時間がないので、訪問件数を増やせる
・遠方の取引先とも会いやすいので、担当エリアを広げられる
・相手のスケジュールに合わせやすい
・移動経費を節約できる

【準備する機材の例】
○**カメラ…**PCのインカメラでも可。
○**マイク…**PCマイクではなくヘッドフォンマイクなどを使用するとよい。

工務店の場合

工務店の仕事内容は、広告制作会社や広告代理店に似たところがあります。営業＋制作、進行、管理が求められるからです。

そして、**うまくオンライン化できた工務店は着実に売り上げを伸ばしています**。

工務店も相手のワークライフシフトに合わせる必要があります。施主さんが「Zoomはできない」と言ったとき、「では電話で」と次の手を提案できる工務店は強いです。

昨年春、コロナ対策で中国がロックダウンした際にはさまざまな輸入品が届かなくなりました。「トイレの便器」もそのひとつ。中国産のため、メーカーへの納品がストップしてしまったのです。トイレがないと家の完成検査ができませんから、施主さんに引き渡しできません。もちろん、工務店にはお金も入ってきません。

そのようなとき、若手の経営する工務店は、ネットですんなりトイレの便器を仕入れ、取り付けたことで無事にキャッシュメイクできました。

従来のやり方にとらわれず、臨機応変に対応したことで稼ぐことができたのです。

工務店の営業

工務店はこれまで地元に根づいた商売をしてきたところが多いですが、最近はそうもいってられなくなってきました。土地のチラシを見て発注する人も少ないので、自分から働きかけていく必要が出てきたのです。

ある工務店では、分譲予定の更地の動画撮影を行ない、場所や特徴、坪単価などを解説し、その場でYouTubeにアップしました。

併せて、過去に問い合わせのあった人たちにもURLを送りました。オンラインを利用するとプッシュ型の営業が効率的に行なえます。

施主との建築の打ち合わせ

依頼主との打ち合わせも、Zoomを利用することで効率的に行なえます。

CADソフトを画面共有し、施主さんの希望を聞きながら加筆、修正していく。

リアルタイムでイメージをつくることが可能です。

相手からのリクエストは時に現実的ではなかったり、アバウトだったりすることも多いです。たとえば、キッチンのサイズに見合わない大きなアイランドキッチンを所望されるなど、理想を現実に落とし込むのが難しいこともあるでしょう。

設計図をその場で示すことで相手に現実を理解してもらいやすくなります。

また、持ち帰って修正し、ふたたび見てもらうという手間がなくなるので、打ち合わせ時間の短縮にもつながります。

Zoomでは録音もできるので、発言の証拠にもなります。あとから要望を確認することで、「言った言わない」の細かい感覚の齟齬（そご）を減らすことができます。

もうひとつの利点は打ち合わせ時間が増えることです。

たいてい、施主さんとの打ち合わせは、通常平日の夜か土日に集中しがちです。

移動時間等を考えると件数に限りがありましたが、Webコミュニケーションを利用すれば移動時間を考えなくていいですし、多少遅くなっても帰りの心配をする必要もないので、夜半の打ち合わせも可能かもしれません。

件数をこなすことができるなど可能性は増大します。

工務店

営業業務

使える機能

Zoomミーティング

・ブレイクアウトルーム機能
➡ 少人数でバーチャル商談会
・スマホにつないで ➡ 分譲地のバーチャル案内
内覧会、ルームツアー

打ち合わせ

使える機能

Zoomミーティング

・画面共有 ➡ 設計図、見取図の共有
・録画・録音 ➡ 議事録代わりに。クライアントとの感覚の齟齬を防ぐ

メリット

・相手のスケジュールに合わせやすい
・打ち合わせ件数を増やせる
・早朝、深夜にも対応可能

【準備する機材の例】

○**スタビライザー…**スマホカメラとスマホのスタビライザーを組み合わせると、歩きながらのZoomが可能に。

・DJI OM4

○**マイク…**スマホとBluetoothイヤホンをつなぐと、マイクの品質も向上し、相手の声も聞き取りやすい。

工場の場合

仕事には、時間で働く「就業ワーク」と、結果を求められる「裁量ワーク」があります。後者はオンライン化に移行しやすいかと思います。

工場には3つのパターンの人がいます。現場作業を行なう人、リモートワークする人、そしてリモート管理する人です。

現場作業とは具体的に、フライス旋盤を扱う、染色を行なうなど、人の感覚がものをいう仕事。オンライン化は難しく、工夫が必要になります。

工場管理者はどうでしょう。従来は、管理責任者が何かの折に機械のボタンを押せるよう現場に常駐していました。けれど、5Gの普及によって通信の遅延が10分の1に軽減されたことから、遠隔でのボタン操作が可能になります。また、映像のオンライン化により、工場に常駐しなくても工場内の様子を随時確認できるようになりました。

工場のワークライフシフトでは、両者を明確に区分し、「裁量ワーク」をオンライン化することで効率化が求められています。

ある町工場は、東京に営業と運営チームがいて、職人さんは千葉で作業をしています。これまで、運営チームは東京から千葉に赴いて職人さんに直接指示を出していましたが、オンライン化により、Zoomで東京から指示を送るようになりました。

作業効率が上がり、生産性もアップしたといいます。

以前、ゲーム機の「プレイステーション3」を全工場に導入し、本社と24時間接続することで両者のコミュニケーションをはかったという話を聞いたことがありました。プレステは不特定多数とコミュニケーションを取るツールなので、使用方法を誤ると、情報漏洩の危険が大いにあり、危ないことをしているなと思ったものです。

けれども最近は、Zoomなどセキュリティ面でも安全なコミュニケーションツールに置き換わったことで、長年のニーズに応えられる結果となりました。

工　場

管理者を本社に集中させて効率化

使える機能

Zoomミーティング

- 第２カメラ　➡　工場のモニタリング
- スマホにつないで　➡　現場確認
- リモート機能　➡　工場管理（管理者）
- スマホアプリ　➡　スケジュール管理
  情報共有

メリット

- 本社と工場間の移動交通費や人件費などの経費削減

【準備する機材の例】

○**USBの延長ケーブル…**モニタリングする場合には、PCとWebカメラをつなぐため、USBの延長ケーブルを使用するとよい（Webカメラを高い位置にも取り付けやすい）。

・BUFFALO USB2.0延長ケーブル (A to A)

本社

指示

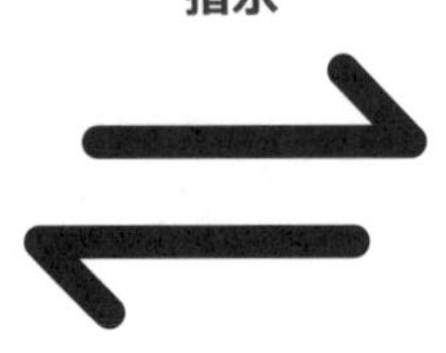

確認

工場

管理も遠隔操作
（リモート機能）

旅行会社の場合

バーチャル旅行ツアーがバラエティ豊かになりました。旅行代理店のＨＩＳでは国内・海外の各種ツアーがあり、「世界一周ツアー」は、90分でバーチャル体験できます。

たとえばハワイ・ホノルルビーチの夕焼け、ケニアのサファリツアー、インド・ガンジス川の沐浴などの様子を、旅行会社の現地スタッフが紹介し、ライブ配信するものです。

希望者は旅行会社のWebなどから申し込みをし、特定の時間にWebでアクセス。

事前にツアー訪問先にまつわるお土産品を配送するサービスもあります。

国内の「牧場見学ツアー」では、添乗員が牧場の様子をライブ配信したのち、レストランのシェフが肉のおいしい食べ方をレクチャー。牧場で飼育された牛肉を各家庭へ事前配送しておき、レクチャーに沿って焼いて食べてもらうというものです。

Zoomを使えば、これと同じことができます。スマホとスタビライザーもしくはワイヤレスゴー、マイクがあれば、バーチャル添乗員になれるでしょう。

旅行会社として従来行なってきた各ツアーの申し込み、決済や連絡体制などの機能を利用することで、旅行会社のオンライン化はしっかりと実現できます。

91ページの「映る側も撮る側も移動しながらZoomに参加するための組合せ」を参考に、風景を映しながら解説をリアルに配信してみてください。

ミュージシャンも必見!

ライブハウス・カラオケの場合

ライブハウスとカラオケのワークライフシフトは近いところがあるかもしれません。

ライブハウス、カラオケルームという空間の中に、人を入れることができないという状況で、いかに「バーチャルライブハウス」「バーチャルカラオケルーム」を再現できるかが勝負になってくるでしょう。

ライブハウスに求められるふたつの役割

ライブハウスには、ふたつの役割が求められているのではないでしょうか。

ひとつは、音楽をアウトプットするための「舞台」としての役割。

もうひとつは、「マネジメント」です。具体的には、**アーティストの招へい、管理、チケット販売、アマチュアバンド等への会場貸出**などです。

経営という観点から言うと、圧倒的に重要なのはマネジメントの部分。

ところが、実際にはライブの様子をYouTubeライブで流すなど、音楽発信が中心で、「稼ぐ」ところまでには至っていないのが現状です。

ワークライフシフトには、キャッシュメイクの部分を重点的に考える必要があります。

儲けの源を伸ばす工夫を

ライブハウスの収入源は、大きく3つあります。ひとつめはアマチュアバンドに会場を時間貸しする「会場使用料」。2つめは、アーティストを呼んでチケット販売する「チケット収入」。3つめは、会場内でのドリンクやフードなどの「飲食料」です。

意外と大きな比重を占めているのが3つめ。これも含めてオンライン化の中に取り込んでいく必要があるでしょう。

「ブルーノート東京」では、ライブ配信と食事をセットで楽しめるよう、ブルーノートジャパンのシェフが調理した料理を真空パックにして発送するサービスを行なっています。

この事例を小さく落とし込んで応用してはどうでしょうか。飲食の宅配は、都市部の場合、ウーバーイーツなどと提携すれば実現可能です。

そこで重要になってくるのは、「ここだから注文する」という**付加価値をいかに提供できるか**です。スーパーやコンビニと同じものをスーパーより高い値段で販売しても誰も見向きもしません。ここでしか頼めないもの、買えないものをそろえましょう。

たとえば参加アーティストグッズ付きの弁当セットなど、オリジナリティが求められるでしょう。

ライブ配信にコースをつくる

海外には非常にマーケティング戦略がうまいアーティストがたくさんいます。メタリカ、ローリングストーンズ、ＫＩＳＳなどが代表的です。２０２０年11月、メタリカはオンラインライブ配信を行ないましたが、視聴にはいくつかのコースが選べるようになっていました。

ライブ視聴のみのコースから、視聴＋ライブ音源のダウンロード、ライブ動画のデジタルストリーミング、オリジナルＴシャツ付きまで。

どれもここでしか買えない希少なものです。

彼らの事業は非常に規模の大きいマクロなものですが、これをミクロに置き換えてみるとどうでしょう。たとえば、有料視聴にして、デジタルチケットを販売する。申込者にはZoomでパスワード付きのURLを送る。オリジナルグッズをセットにする。

もしかしたらDVDを作成するよりも価値があるかもしれません。

大きなところがやったことを小さなところに落とし込んでいくと、できることも見えてきます。

YouTubeの「投げ銭機能」を利用する

YouTubeには投げ銭機能（スーパーチャット、スーパーステッカー）があるので、これを利用するのもリアルに近づく方法のひとつです。

ライブ配信時、視聴者はスーパーチャットで100円から最大5万円まで1円単位で好きな額を送ることができます。金額に応じて、コメント欄の自分のメッセージが目立つ仕組みにもなっています。

スーパーステッカーは好きなスタンプ（200円～5000円）を購入し、配信者に送ることができます。

配信側にはいくつかの条件がありますが、（18歳以上、チャンネル登録者数1000人以上、過去12カ月の再生時間が4000時間以上）、これを利用すればよりライブハウス感覚を味わってもらうことも可能です。

録画から配信まで一手に引き受けるスタジオ機能

「会場貸し」という面からワークライフシフトを考えてみましょう。

ライブハウスにそろっている機材や設備を利用すれば、録音、録画からデジタルストリーミング販売までを一手にサポートすることも可能です。防音設備も整っているし、照明、マイク、レコーディング機材もそろっていますから、それを利用しない手はありません。

自分の楽器さえ持ってくれれば、録音から配信まですぐにできるという体制をつくれたら、大きな強みになります。

大きな音を出せない、録音技術に不安がある、デジタルストリーミングの方法がわからない YouTuber 志望、アマチュアバンド向けに、ニーズはあるのではないでしょうか。

ライブハウス

1.会場使用料 ➡ Zoomミーティングを使用した参加型双方向ライブ
ウェビナーやライブ配信プラットフォームを利用した放送型ライブ

2.チケット収入 ➡ オンライン配信を無料・有料などコース分け

3.飲　食　料 ➡ **付加価値を提供する**
（オリジナルドリンク、参加アーティストグッズなど）

【準備する機材の例】

○**カメラ…**ビデオカメラをビデオキャプチャでWebカメラにして配信するのがおすすめ。
- ソニー ビデオカメラ HDR-CX470
- I-O DATA　GV-HUVC

○**マイク…**集音できるようガンマイクをつけるとよい。
- RODE VideoMic GO
- 会場のPA（拡声装置）から音声ラインを取れる場合は、出力調整ができるよう、オーディオミキサーを中継してビデオカメラのマイク端子に音声を送る。
- YAMAHA ウェブキャスティングミキサーオーディオインターフェース AG03
※接続ケーブルは都度確認すること

カラオケの一体感の作り方

カラオケもライブハウスと同じことが言えます。いかにして安心、安全に来訪し飲食してもらえるか?がキャッシュメイクのポイントです。

最近は、カラオケルームもテレワーク用に貸し出されています。私も会員になっていますがもっぱらテレワークとしての使用で、60分からドリンク付きの安価なプランがあります。

また、法人向けプランもあり、社員全員が経費でテレワーク用に利用できるようにもなっています。

一般的にカラオケルームは、駅近など立地のいい場所にあり、防音設備も整っています。仕事に集中したいとき、周囲の音を気にせずオンライン会議に参加したいときなどに使えます。

また、「オンライン飲み会」「オンラインカラオケ大会」の会場としても利用できます。

カラオケルームによっては、スマホやパソコン画面をカラオケルームの大きなスクリーンに映し出す接続ケーブルを無料で貸し出してくれます。スマホでZoomに接続し、オンラインで交互に歌を歌い合うこともできます。

さらに、オンラインに合った「店オリジナル」の商品やサービスをつくることができたら、付加価値が高まり、売上アップにもつながるでしょう。

カラオケ店

Zoomミーティングで遠隔をつなぎ
オンラインで一緒に楽しむ

使える機能

Zoomミーティング

メリット

・距離や密を気にせず、それぞれが大声で歌って楽しむことができる（海外の友人と楽しむことも）

【準備する機材の例】

○**スマホ接続キット…**友人宅の様子をカラオケルームの大画面に、高画質で映し出せる。カラオケ店によっては、スマホやパソコン画面をカラオケルームのスクリーンに映し出せる接続ケーブルを貸し出している。

自分が歌う際はカラオケ画面、
友人が歌う時はZoom画面に切り替え

レストラン・飲食店の場合

レストランはデリバリーやテイクアウトを行なうことで、第一段階のワークライフシフトはほぼ完了しました。では、次にできることは何かを考えてみましょう。

レストランは単においしいものを食べる場だけではありません。コミュニケーションの場であり、雰囲気を味わう場でもあります。いつもと違うお皿やカトラリー、料理の盛付け、サービスを受けながら、非日常を楽しめる場かもしれません。誕生日やプロポーズ、結婚記念日などお祝い事に使われることも多いでしょう。突然照明が暗くなり、ろうそくのついたケーキが運ばれ、バースデーソングが流れてくるなどの演出もあります。

このようにエンターテインメント性が求められる一面もあります。

レストランと街の弁当屋の違いを考えたとき、シェフの顔が見えるか否かが挙げられま

す。フランス料理なら、「この鴨はフランスの○○地方のもので……」など食材の産地や調理法、調味料、ソース、付け合わせなど、料理にはシェフのこだわりが詰まっています。
また、料理に合わせるワインなどの飲み物もあわせ、すべてにストーリーがあります。
それらを聞きながら味わい楽しむのも、レストランならではの醍醐味です。

寿司屋も同じことが言えるでしょう。大将に握りを出してもらいながら、魚の旬など食にまつわるうんちくを聞く。

レストランのワークライフシフトは、食べる場からコミュニケーションの場、ストーリーを知って学ぶ場への移行です。

それにはZoomなどの双方向コミュニケーションツールが利用できます。

たとえば、家族がそろう日は事前に寿司を配達しておきます。特定の時間にオンラインで大将が登場。「まずは、マグロ。……次はサバを召し上がってください」と大将が順番に指示し、それを食べながら、ネタにまつわる話を聞く。
「板場のカウンターで寿司をつまむ」のと同じ光景がオンラインでも再現できます。

レストランなら、料理を届ける際、もうひとつ別の箱にケーキを仕込めば、お誕生日のサプライズを提供することも可能です。これはレストランだからできること。デリバリー専門のウーバーイーツなどにはできません。

料理を運ぶだけではなく、一歩進んでそのレストランの持つ雰囲気、コミュニケーションの場を提供する。

これこそがレストランオーナーが求めるワークライフシフトではないでしょうか。

同じように考えると、新宿ゴールデン街などの飲み屋街もオンライン化できます。新宿2丁目はまさにお酒を介したコミュニケーションの場。

飲みに行くというより、ママと話すために通っている人が多いお店は、Zoomミーティングで盛り上がるのはどうでしょうか。

PayPayなどの電子マネーに対応している店も多いですから、Zoomの画面上にQRコードを表示し、お客さんに読み込んでもらえば、キャッシュレス決済にも簡単に対応できます。

レストラン・飲食店

食事に「コミュニケーションの場」の機能を

使える機能

Zoomミーティング
- 料理や調理のストーリーをプロに聞く
- 第2カメラ ➡ 調理風景をリアルタイムに見られる

メリット

- レストランのリアルな雰囲気を味わうことができる

【準備する機材の例】

○**カメラ…**ビデオカメラをビデオキャプチャでWebカメラにして配信する。
- ソニー ビデオカメラ HDR-CX470　・I-O DATA GV-HUVC

○**Webカメラとミニ三脚…**手元を映す第2カメラ用として準備
- ロジクール C920 PRO HDウェブカメラ
- Ulanzi MT-08… ミニ三脚。 第2カメラ用三脚として使える。

○調理している人と同じ目線から手元を見せたい時は、アーム式の三脚を使用。

○**マイク…**集音できるようガンマイクをつけるとよい。
- RODE VideoMic GO

ホテル・旅館の場合

ホテルや旅館のワークライフシフトは、あくまでも「本業」メインで考えてみましょう。

ホテルの窓から見える景色を映したり、スタビライザーを持ち歩き、施設内の温泉や庭園などを紹介する「バーチャル体験」を配信しているところがあります。もちろん、日本庭園を見たい人は世界中に数多くいるので、いい着眼点だと思います。

また、テレワーク用にデイユースプランを提供しているビジネスホテルもあります。

しかしながら、それらはいずれも「本業」ではありません。ホテルや旅館の本業は旅館業法に基づくもので、宿泊してもらうことで費用が発生するビジネス。

宿泊以外で得た収入は、「副業的収益」。いくら副業的な利益を上げたところで、宿泊での収入がなければ本収入はゼロ。そして、**本業が弱いと会社はつぶれてしまいます。**

銀行は本業の収入を見て、融資の判断をするともいいます。本業収入がないと借り入れができず、２年後、３年後と長期的な目で見ると非常に危険になってしまうのです。

では、このご時世に本業である宿泊を伸ばすにはどうすればいいのでしょう。

「いかに安心して、安全に泊まっていただくか？」にワークライフシフトしていくことではないでしょうか。

できるだけ人との接触を避ける。人と会わずに快適に過ごせる工夫をするのです。

そのために、Zoom などの Web コミュニケーションツールをおおいに利用しましょう。

まず、フロントには Zoom コンシェルジュを配置し、チェックインの手続きなどを行ないます。荷物はスタッフが事前に届けておくなどして、直接の接触を防ぎます。

部屋に入ってからは、Zoom で館内のご案内をします。旅館等では部屋に着くと最初に女将の挨拶がありますが、相手によっては Zoom でいいかもしれません。部屋に直接挨拶に行っていいかどうかの希望は、チェックイン時に確認しておけばいいでしょう。

食事は部屋食で。温泉は空いている時間をZoomコンシェルジュが案内してくれるとホスピタリティのあるサービスになるでしょう。

孫とおじいちゃん、おばあちゃんとのZoom会食もできます。家族だけで宿泊し、おじいちゃん、おばあちゃんには事前に調理済みの料理を配送しておきます。Zoomのセッティングを施設側ですべて行なっておけば、同じ食事を取りながらオンライン親族会も楽しんでもらうことができます。

もちろん他の収入を得ることも大事ですが、経営者としては同時に帳簿をいかにきれいにしていくかも重要です。

それはつまり本収入を得る方法を考える必要があるということです。

ホテル・旅館

いかに安全に泊まっていただくか ➡本業に注力

ディスタンスを取りつつ、
ホスピタリティを維持するには…？

使える機能

Zoomミーティング

・バーチャル宿泊で、行ったつもりになれる
・オンラインのサポート ➡ 部屋内にZoomを設定し、離れた家族とオンライン会食を楽しむ

【準備する機材の例】

○**カメラ…**スマホだけでなくWebカメラが使えると、広角レンズで広く映せるのでベスト。
○**スピーカー/マイク…**卓上に置くタイプで、周囲の音をしっかり拾うスピーカー/マイクを選ぶ。会話も自然にできるので、より一緒にいる感覚が高まる。
・Jabra SPEAK510

帰省の場合

すでに「オンライン帰省」という言葉があるように、帰省のワークライフシフトは一般化されつつあります。リアルな帰省は実際に会うことでよりつながりを感じますが、オンラインの場合には、リアルタイムの「時間」のつながりが求められています。

できる人ができない人を助ける仕組みを

ここで問題となるのが、ITリテラシーです。おじいちゃん、おばあちゃんがパソコンを持っていない、スマホを使っていない、アプリの操作方法がわからないなどの場合も多いでしょう。「私はデジタルに疎いから」と敬遠する年配の方もいらっしゃいます。

ですが、できる人ができない人を助けてあげることでオンライン化は十分可能です。

まだ電話の普及率が低かった頃には、電話を持っている人が電話のない人に貸してあげることで遠方とのコミュニケーションが成り立っていました。

それとまったく同じことです。おじいちゃん、おばあちゃんがスマホを持っていなかったら、持っている人が貸し、ビデオ通話のやり方を知らなかったら、近所に住む子どもや孫が教えてあげるのです。

プラットフォームはZoomでもLINEでも、FaceTimeでも、リアルタイムにつながれるものならどれでもいいでしょう。

私は東京に、母は大阪に住んでいますが、近所に住む弟が親のもとを訪れたタイミングで弟のLINEにつなぎ、親とも話をしています。

ITリテラシーが低かったら、やり方を知っている誰かが代わりにやれば十分です。親類に限らず、信頼できる民生委員の方などにお願いしてもいいでしょう。

リアルに帰省できないからと疎遠にならず、オンラインを利用して手軽にコミュニケーションを取りましょう。

帰　省

ITスキルのある人が設定を

使える機能

・Zoom、LINE、FaceTimeなどビデオ通話機能のあるもの

メリット

・場所を超えられる
・どこでも対面通話ができる
・スピーカーフォンでみんなで盛り上がることができる

【準備する機材の例】

○**カメラ…**スマホだけでなくWebカメラを使うと、広角レンズで広く映せる。

○**スピーカー/マイク…**テーブルに置くと周囲の集音をしっかりとしてくれるスピーカー/マイクを選ぶ。会話も自然にできるので、より一緒にいる感覚が高まる。

・Jabra SPEAK510

結婚式の場合

一般的に、「ハレ」の文化はオンライン化しやすいかと思います。

結婚式は、大きく挙式と披露宴に分かれます。挙式は、宗教行事の場合も多く、それぞれの宗教観に沿う形になりますが、披露宴は非常にワークライフシフトしやすいイベントです。「時間を共有すること」を最優先に考えたとき、必ずしも同じ空間にいなくてもいいからです。「バーチャル飲み会」の公式版、フォーマル版ともいえるでしょう。

参列はZoomでも可能です。ミーティングのギャラリービューで参加者を並べれば、リアルタイムで参列することができます。

プライバシーを意識するのであれば、新郎側と新婦側でそれぞれ別のミーティングを立ち上げましょう。

料理と引き出物は事前に招待客へ送ります。料理は重箱や真空パックの状態で届けられることが多いです。各自で皿に盛り付け、タイミングを合わせて一緒に乾杯し、歓談しながら食べることができます。

たとえば、横浜ベイシェラトン＆タワーズでは、オンラインウェディング専用の料理宅配サービスを行なっています。

バーチャル背景を使えば、会場を自由に変えることもできます。風船いっぱいの会場にしたいなど、リアルな会場では大掛かりな仕掛けも、バーチャル背景ならあらかじめ画像を作成しておけば対応可能です。お気に入りの画像をネットから探してもいいですし、Canvaではオリジナルバーチャル背景を作成することも可能です。

スワンのゴンドラに乗り、上から降りてくるなどの仕掛けをリアルに行ないたい場合は、無観客披露宴でもいいでしょう。

会場には、すでにカメラが設置されていることもあるので、自らカメラを持ち込まなくても、設定すればZoomでオンライン配信できるかもしれません。

オンラインなら時間効率もいいので、タレントや人気の司会者、パフォーマーなどもオンラインで頼みやすいでしょう。

結　婚　式

披露宴をオンライン化

使える機能

Zoomミーティング

・バーチャル背景機能　➡　変更することで、舞台を自在に演出

・ブレイクアウトルーム機能

➡　リアルと同じ式場の雰囲気に（披露宴の円卓と同じ）。新郎新婦が各ブレイクアウトルー ムを巡回する、オンラインキャンドルサービスなど

・画面共有　➡　ビデオ上映会

・スポットライトビデオ機能　➡　遠隔からのスピーチ

メリット

・披露宴会場と同じ演出ができる

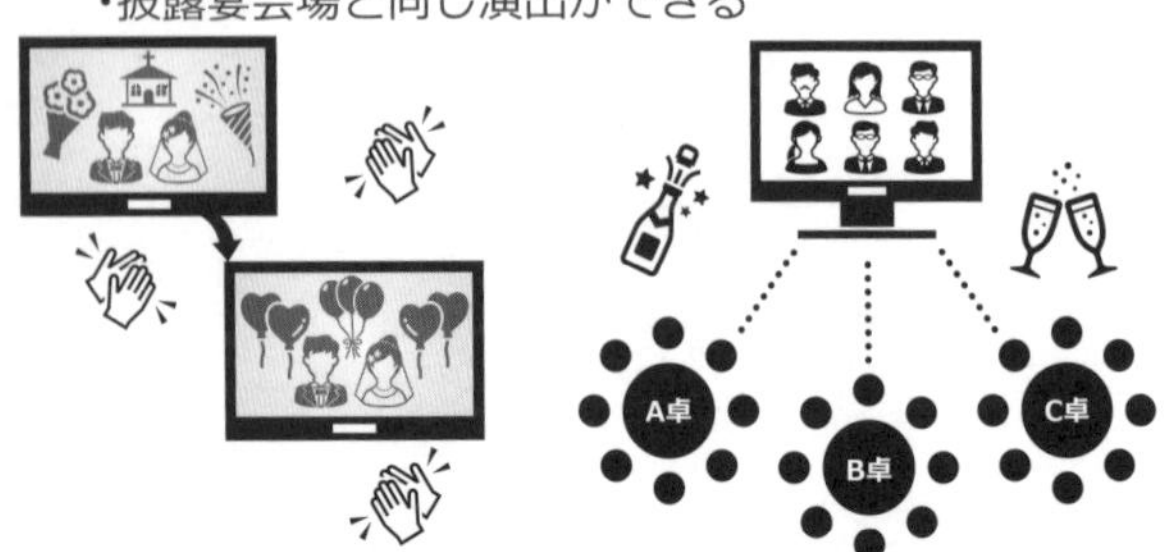

【準備する機材の例】

○**カメラ…**ビデオカメラをビデオキャプチャでWebカメラにして配信するのがおすすめ。

・ソニー ビデオカメラ HDR-CX470

・I-O DATA GV-HUVC

○**マイク…**集音できるようガンマイクをつける。

・RODE VideoMic GO

お通夜・お葬式・法事の場合

お葬式や法事は、宗教観によるものが大きいので一概には言えません。
ここでは神社仏閣も一経営者であるという観点で、運営者側（神社仏閣）と利用者側（信徒、ユーザー）の両面から方法論を考えていきます。

まず、運営者側から考えた場合。宗教的な禁足を侵さない範囲で、方法を考えていくことが大切です。

身近な人が亡くなった直後は皆、概して感情・感動が高ぶっています。ですから、お通夜やお葬式は「何を置いても、その場に行くことが大切」だと考える傾向にあり、オンライン化しにくい部分ではあるでしょう。

とはいっても、今後、高齢化が進むとお通夜やお葬式に参列できない方も増えてくることが予測されます。また、単家族化によってお墓の管理が難しくなってくることも考えると、オンライン化のニーズが高まることは確かです。

法事は、故人が亡くなってから日にちが経っていることもあり、比較的感情・感動が落ち着いていています。オンライン化を進めやすいともいえるでしょう。

実際、無宗教の都会型のマンション型納骨堂ではすでにオンライン法事を行なっているところもあります。

とはいっても、この場合も宗教観の問題が大きくかかわってきます。

浄土真宗などは場所を問わずただ一念に祈ればいい、という宗教観なので、オンライン化しやすいと思います。築地本願寺では、法要のライブ中継を行なっています。

また、カトリックの教会でも主日ミサ（礼拝）のオンライン配信を行なっているところがあります。

一方、神道の場合、建物内は神様がお祀りされている神聖な場所なので撮影禁止です。

オンライン配信には向かないでしょう。

すべて宗派ごとのルールによるものなので従う必要があります。

ただ、宗教活動全体として考えた場合、Webコミュニケーションを取り入れたほうがいいだろうとは思っています。

日蓮や親鸞はかつて布教活動するために全国を回っていましたが、もし今だったら代わりにZoomを使えます。自分で歩くかデジタルを利用するか、方法の違いだけです。そして、オンラインは時に効率的でもあります。

宗派のルールに則りながら方法を考えたとき、集まれる場、会合の場として「オンライン」という選択肢もあるのではないでしょうか。

葬式・法事

・ 法事は比較的オンライン化しやすい
・ 少子高齢化や生活様式が多様化する今、ニーズは高まっている
・ 宗教、宗派の考えやルールに従う
・オンラインが、将来的にはコミュニティの場のひとつにも

使える機能

Zoomミーティング

・チャット機能 ➡ 参加（参列）した人が、メッセージを残し、都度退出することも可能（お通夜の焼香と同じイメージ）

【準備する機材の例】

○**カメラ…**ビデオカメラをビデオキャプチャでWebカメラにして配信するのがおすすめ。
・ソニー ビデオカメラ HDR-CX470
・I-O DATA GV-HUVC

○**マイク…**集音できるようガンマイクをつけるとよい。
・RODE VideoMic GO

リストラが増える？

在宅勤務の場合

今後は、どの企業でも在宅勤務が当たり前になってくると思われます。

「在宅勤務は毎日会社に行く必要がないから楽だ」と考える人も多いかもしれません。しかし、実はそれほどハッピーな話ではないのです。

雇用形態がこれまでの「終身雇用制」から欧米の「契約文化」に移行しつつあることの証でもあります。これまでも緩やかに契約文化にシフトしつつありましたが、コロナ禍でそれが一気に加速しました。

在宅勤務の導入や転勤制度の廃止などと同時に給与体系をフルコミッション制に変えることも多々あります。**在宅ワークは結果的に数字至上主義、契約至上主義にならざるを得ない仕組みなのです。**

日銭仕事である飲食業でのリストラは、コロナ禍の早いタイミングではじまりました。その数カ月後には売掛、買掛で仕事をしている業種でも同様のことが起きました。さらに、工務店や建築業など、支払いのスパンが長いところへと派生していくはずです。

この状況をうまく乗り越えるためには、とにかく結果を得ることです。そのためにも、Webコミュニケーションツールを最大限活用していく必要があります。

仕事の結果を重視するには、まず生活様態を変えることです。「9時～17時」の就業時間という概念を取っ払うことも必要になります。人によっては、海外にいる相手との会議に合わせて朝食前から会議をし、8時に家族でご飯を食べ、昼まで仕事、子どもを迎えに行って、夕食の支度をし、子どもを寝かしつけた後にふたたび仕事して……というように、自分と取引先のリズムに合わせた新しいワークスタイルが生まれるかもしれません。

昔、国鉄（現ＪＲ）の労働組合が「待ち時間も労働時間だ」と主張してストライキを起こしましたが、その理論が通用しない環境が増えています。

主張ばかりして成果を挙げられない人は即リストラの対象になり得るのです。

代わりに、成果をしっかり挙げていれば、平日の昼間から家族で出かけることも可能になります。

では、在宅のワークライフシフトに必要なものは何でしょうか？

それは、常に連絡を取れる環境づくりです。

５Ｇも含めたモバイル環境も、自分できちんと整備していく必要があるでしょう。

家族と旅行に出ていても、連絡さえ取れれば仕事を進めることは可能です。

スマホとWi-Fi環境、書類一式のデータなど、環境をしっかりと確保することがワークライフシフトの第一歩です。

在宅ワーク

常に連絡の取れる環境づくり

5Gも含めたモバイル環境
Wi-Fiの設定
書類のデータ化、クラウド化

生活様態の見直し

時間貢献から成果貢献へのシフトに合わせ、縛られない仕事の仕方に転換

プライバシーの確保

オンラインミーティングができる背景づくり

生活と仕事のすみ分け

【準備する機材の例】

○**メインカメラ…**WebカメラやPCのインカメラでも可。
○**スピーカー/マイク…**体を動かしやすいので会話しながら資料を机上で準備できる。

・Jabra SPEAK510

○**Webカメラとミニ三脚…**手元を映す第2カメラ用に準備。

・ロジクール C920 PRO HDウェブカメラ
・Ulanzi MT-08… ミニ三脚。第2カメラ用三脚として使える。

第7章

これから変わる
働き方のキーワード

Work atからAt workへ

これまでお話ししてきたように、毎朝同じ時間に会社に行き、定時に家に帰ることで収入を得る生活は崩れつつあります。**どこで働くか?**ではなく、（場所は問わず）**何をやったか?**が問われる時代になってきたのです。

場所、時間に縛られず、生活の多様化に対応しながら仕事をするということです。

ある平日の午後、アメリカの企業の人から仕事の連絡が来ました。彼は最後に「これから家族で遊園地だから。じゃあね、Ｂｙｅ！」と言ってWebミーティングを終えました。そのときは、「平日にのんきに遊園地なんて……」と思ったものですが、今、まさにこのスタイルが日本にも取り入れられようとしています。

必ずしも会社で働く必要はない。旅先でも仕事はできます。仕事の場所は関係なくなっているのです。先の彼も遊園地にいながら仕事のやり取りができました。いわゆる、ワークとバケーションを合わせた「ワーケーション」というスタイルですね。

日本でも、クリエイターの世界では何をやったかでの評価が当たり前でした。納品物がすべて。それが1時間で完成したものでも、1カ月かかったものでも支払われる金額は同じです。時間に対する対価ではないからです。

この仕組みが、サラリーマンにも適用される時代になりました。

これまで、労働組合などでは、自分の時間を売っている人たちを束ねて、権利を主張して経営者側と戦ってきましたが、今は、消防士など待機することに業務遂行対価が発生する仕事を除いては「時間をお金に変える」ということ自体が否定されつつあります。

今後働いていくうえで、流れの変化は頭に入れておいたほうがいいでしょう。

メンバーシップ型からジョブ型に

コロナ禍で、東京ディズニーランドと東京ディズニーシーを運営するオリエンタルランドの正社員と嘱託社員は、２０２０年のボーナスが7割カットになりました。グループで仕事をする場合、グループ全体の業績が落ちるとグループ全員の給料を下げる以外に方法がありません。企業が「人に仕事を与えてきた」グループ協働のメンバーシップ型の崩壊です。

代わりに台頭しつつあるのが、ジョブ型。「仕事に人をつける」ので、協働以上に個々人の能力が最大限に活用される形態です。新聞などでは、外資系人事コンサルティング会社が大きく伸びているという記事が載っていますが、この中で「メンバーシップ型」「ジョブ型」がキーワードとして頻出しています。

これが何を意味するかといえば、日本特有の「メンバーシップ型」から海外で一般的な「ジョブ型」のニーズが高まっているということのあらわれです。

個人の資質がより問われる時代になってきたのです。

チーム型では集団で動いていたので、個人の成果が見えづらいところがありました。

ところが、在宅ワークで個別に作業を行なうようになったことで、個人の成果が明確に数値化されるようになったのです。

「できるチーム」の一員として「できる人」という評価を得ていた人も、組織という枠がなくなったら、個人の本質が透けて見えるようになった。

できるチームの中にも、できる人とできない人が混在することが明らかになった、ということです。

もともと大企業のサラリーマンは、脱サラしたり、定年後に起業したりすると失敗することが多いと言われてきました。

企業や組織の看板を背負っていた人が、その殻を外して個人で戦おうとしても、人力、信用、財力の現実との差を把握できないためによく起こる悲劇です。「背丈に合った」という言葉がありますが、退職、独立という大きなイベントから、日常の仕事というミクロの世界でも普通に同じことが起きるようになったといえるでしょう。

イメージは戦国時代の戦国大名のようです。家来もみんながそれぞれに戦いながら、全体として成果を上げていく。劣った人は容赦なく切り落とされる。それと同じようにお荷物社員、窓際族は即リストラの対象に。

厳しいようですが、もしかすると、歴史を顧みると本来あるべき姿に戻ったのかもしれません。

変わる職場コミュニケーション

仕事がジョブ型に変わり、個人の成果が問われるようになりましたが、チームとして助け合う必要があるのも事実です。

チーム全体として土台を築き上げながら、同時に自分の熱量もしっかりと表現していく。数字で見られるところは結局、個人の契約数や売り上げです。契約を取るコツについては、上司が指導してくれますが、最終的な数字責任は本人にある、ということです。

まさにＯＪＴ（On the Job Training）、「仕事しながら学べ」です。

社員一人ひとりの成績が積み重なることで、支店の数字は上がる。それを統括管理するのが支店長の仕事。それらがチーム全体の評価につながります。

横一列に並んで手をつないで並走するのではなく、ジャンプして、上を目指すために誰と組むかが求められるようになりました。

かつて、保険会社などでは、売り上げをすぐに計上せず、同僚を油断させておきながら、締め日直前に申告して営業成績1位をねらう、「たまかくし」と言われる手法を使う人もいました。トップを取ると報奨金が出るなどの利益になるからです。

今は、誰かを出し抜いて個人の成績を上げるよりも、一人ひとりが成果を上げて、最終的にチームの成績を上げることのほうが評価される時代です。

そのために、全体訓示型コミュニケーションから個別型コミュニケーションが求められるようになりました。Webコミュニケーションを活用しながら、チームでの連携を密にし、作戦を立てることが重要になります。

自分が得意とするところは自ら買って出て売り上げを補填し、それに対するキックバックをもらうのもいいでしょう。

個人の力をより大きくするためのコミュニケーション手段、それがZoomなどのWebコミュニケーションツールです。

成果の見える化

個人の成果が問われるようになると、必要になってくるのが、その成果をきちんと見える形に残すことです。

Zoomなどでは、打ち合わせの様子はすべて録画されます。

デジタルコミュニケーション化によって記録を残すことで、「自分が何をどこまでやったか」を示す証拠を持てるようになったのです。

会議もZoomを利用すれば自動的に録画する設定ができますから、議事録としての役割も果たすでしょう。

チャットワークなどのビジネスコミュニケーションツールでは、プロジェクトの進行過程も残ります。

これからの日本は徐々にアメリカの契約主義文化に近づきつつあります。

「わかる人にわかればいい」という時代から、「自分は何をここまでやったのだ」という自己アピールが求められるようになってきました。

Web コミュニケーションツールは強い武器となるでしょう。

変わるビジネスパートナーシップ

契約文化が浸透してくると、日本にこれまで根づいていた「慣れ合いの文化」が崩れていきます。「とりあえずあの人に頼めばなんとかしてくれるだろう」という完全請負型のビジネスはなくなり、毎回プレゼンや合い見積もりを取り、もっとも安いところに発注する仕組みへと変わります。

もっと安いところがあるのにそれを選ばなかった発注者にも仕事責任が問われるように

なるからです。

持ちつ持たれつの関係はなくなり、受注側は常に「選ばれる側」になるということです。

バイヤーが買い付けてきた商品を繰り返し発注する「リバイヤー」も同じ。

「これまでずっと頼んできたから、今回も頼むよ」ではなく、少しでも安く仕入れられる方法を常に模索する必要が出てくるということです。

受注側は常にほかの会社と比較されていることを意識しながら、**選ばれるための努力を重ねる。と同時に、常に新規開拓をしていく必要がある**でしょう。

「長年の付き合いだから大丈夫だ」とあぐらをかいていると、ある日突然「ほかの業者に決めたから」と通達される可能性がおおいにあるからです。

切るか切られるか？のシビアなパートナーシップへと変わっていきます。

常に最新情報を共有しながら、先へ先へと考えていくことが必要となるでしょう。

家族とつくる新しい働き方

働き方が変わると、家族の暮らしにも変化が生まれます。

在宅ワークにより、家族と一緒に過ごす時間が増えました。

そのなかでどのように仕事をするか。新しい意味での家庭と仕事の両立です。


具体的には、オンライン会議をどこで、どのようにやるか?家族内でそれらの認識を統一するために、ぜひ一度家族会議を開きましょう。家族内でのルール決めをするのです。

この問題は、家での喫煙問題に似ているように思います。家の中で普通に吸ってOKな家もあれば、ベランダや換気扇の近くで吸うことがルールの家もある。

同じタバコでも人によって家庭によって対応は変わります。

それと同じです。ちなみに、我が家では、インターネット帯域を確保することもあり、私がオンラインミーティング中は、子どもはゲーム禁止というルールを設けています。

オンライン会議を行なう際には、家族内で情報共有しておきましょう。

どこの誰と行なうのか？内容と所要時間などです。

チェックシートをつくってみんなが目に見える場所に貼っておくのもいいでしょう。

また、Webコミュニケーションは第三者ともつながるため、相手の気持ちを配慮する必要もあります。相手によっては、子どもやペットの声が入るのを嫌がる場合もあります。その場合には、周囲の音をきちんと遮断できるスペースで行なう必要があるでしょう。

さらに、打ち合わせ内容の「機密度」によっても対応は変わります。

たとえばＩＲ関連の適時開示のように、事前に漏洩するとまずい情報は、たとえ信頼できる家族でも聞かれると困る内容です。

そのような場合は部屋に誰も入れず、さらにはヘッドホンをつけ、マイクで話すなど万全の体勢を取ります。場合によっては貸会議室やオフィスを利用する必要もあるでしょう。

どこの誰と何を話すか？による場所選びは重要です。

相手に応じて臨機応変に対応していきましょう。


Webコミュニケーションツールを使用する際の「背景」にも気を配る必要があります。家には個人情報がわかるようなものがあちらこちらに置かれています。家族について言えば、子どもの制服などです。アメリカでは背景に映っていた子どもの制服から学校名が特定され、誘拐に至ったケースもあります。


リスクだけでなく、在宅ワークには、家庭内におけるメリットもあります。

それは、親の仕事を子どもに理解してもらう格好のチャンスだということです。

会社にいるときは、親がどのような仕事をしているのかを子どもに見せる機会はありません。それを間近に見て知ってもらうことができるのです。

まさに家庭内ＯＪＴです。家業を継ぐ仕事の方は特に、親の背中をつぶさに見せるいいチャンスではないでしょうか。

ちなみに、私の子どもは、私がオンラインミーティングで英語を話している様子を見て、

「英語を勉強しなければ」と思ったようです（笑）。

また、親も子どもがどのような勉強をしているのかを知ることができます。

これまで会社優先で家族との生活を二の次に考えてきた人も、家族との時間が取れるようになるかもしれません。

外資系企業で働く人なら、海外時間に合わせて働くことも可能なので、早朝や深夜働く分、日中を子どもと遊ぶ時間にあてることもできるのではないでしょうか。

日本の企業でいえば、オンライン化が進むことによって、単身赴任制度も崩れてくるでしょう。転勤の多かった会社では大きな働き方改革が行なわれるかもしれません。

このようにオンライン化は家族との生活にもさまざまな変化を生み出すのです。

個人と企業のデジタルタトゥーを防ぐ管理術

デジタルタトゥーとは、タトゥー（刺青）のように、一度ネット上に書き込んだり投稿したりした個人情報や画像などは、拡散されると完全に消すことができないことを意味します（もとは自分の死後も情報が残ることを意味する語）。

LINEやFacebook、Instagramなど、個人利用のSNSは、まさにデジタルタトゥーです。

今後ビジネスのオンライン化が進むと、それに加えて、**転職、異動、定年におけるデジタルタトゥー問題**も起きてくるでしょう。

そのひとつが、社内共有のパスワード。ずっと同じものを使い続けていると、異動した人、退職した人もログインできてしまいます。

そのため私の会社では、一定期間でパスワードを切り替え、それを記録していくことをルール化しています。

また、退職者が使用していたアカウントの削除も重要です。

このように、パスワード、アカウントはしっかり管理する必要があります。

それに加えて、作成したコンテンツの著作権はどこに帰属するのか？も明確にしましょう。社則では、基本的に「会社の業務行為として作成したものは会社に帰属する」と明言されているはずです。会社の規定に沿っていくことにはなりますが、個人でも意識しておいて損はないでしょう。

退職後や異動後のコンテンツの取り扱いについても、きちんと取りまとめておいたほうがいいでしょう。

個人とビジネスでアカウントを分ける

デジタルタトゥーで一番やっかいなのは、**「残してはいけないもの」**と**「消せないもの」**です。そのために、個人でもデジタル管理を行ないましょう。

「個人でできるもの」と「ビジネスで行なうこと」を明確に区分するのです。

まずすべき対応は、個人のアカウントとは別に、ビジネス用のアカウントを用意することです。ビジネス用のアカウントは、仕事で行なっているＳＮＳの書き込みや、業務で利用するZoom、YouTubeへのログインの際に使用します。異動後や退職後にそのアカウントを削除しても問題ないよう、しっかりと切り分けておきます。

Zoomもエントリー自体は無料でできるので、個人と業務で使い分けます。

チャットワークなども業務用アカウントを取っておきましょう。

何かの申し込みや登録には、Gメールなどのフリーアカウント（無料のメールアドレス）を取得して使いましょう。それらは「サブアカウント（サブアドレス）」「捨てアカウント（捨てアドレス）」とも呼ばれています。つまり、いつ削除してもそれほど痛くないアドレスとして使うのです。

会社から支給されている「@（会社名）.co.jp」のメールアドレスは、重要な業務に使うメインアドレスといえる存在です。何か問題が起こっても削除することができません。

また、銀行のログインＩＤなどお金と紐づいているものや、個人情報と連携しているアドレスも、ハッキングされる恐れのある場所で不用意に使うのはやめましょう。

気をつけたいのは、情報リテラシーが低い人のデジタルタトゥーです。

特に子どもはまだ情報危機意識も低いため、大人の注意が必要です。

子どもが軽い気持ちでネット上に書き込んだことが、思わぬ爪痕を残すこともあるからです。

ネットに書いてはいけない内容や、公開してはいけない写真などを、しっかり教えておきましょう。オンラインゲームの登録は、くれぐれもサブアドレス（捨てアドレス）で行なうことも、忘れずに教えましょう。

新しい働き方に必要なメンタル

在宅ワークにより、メンタルをやられる人が多いようです。ある精神科医は、メンタル面に不安を抱える人のほとんどは在宅ワークを続けている人と、おとなしい人だと話していました。

在宅ワークで難しいのは、「空気」を読んだ行動を取ることができないことです。デジタルコミュニケーションは、最初に「イエス」か「ノー」を述べる「結論ファースト」型。「私はこう思いますけれど、皆さんはいかがでしょう?」と相手にたずねる欧米式コミュニケーションです。そこでは、自分で決断する力が必要となってきます。

これまで、上司の顔色を読んだり、その場の空気を読んでそれにふさわしい回答をしたりしてきた人には大きなマインドチェンジが強いられるでしょう。

騎馬隊に例えるなら、大将が右を向いたからといって、みんなで一斉に右を向くことができないからです。方向性を読み取ることができないことによる疎外感や閉塞感、孤独感が精神的ダメージを与えるのではないでしょうか。

もうひとつは、人間としての変化についていけないことによる問題です。

精神科医の和田秀樹先生によれば、人間は太陽の光を浴びないと暗くなってしまうのだそうです。通勤しないということはつまり、外に出る機会が減るということ。

それが閉塞感を生んでいるというのです。

完全在宅になると、個人事業主と同じようなメンタルが求められるのではないでしょうか。**「自主管理するメンタル」**と**「自己管理するメンタル」**です。

自主管理するメンタルとは、何時から何分運動しよう、ちょっと息抜きに散歩しよう、と自分でスケジュールを決めて管理していくこと。息抜き程度に15分間散歩するのはいいかもしれませんが、3時間も出歩いては仕事に支障を来すでしょう。

どこまでよくて、何がダメかのさじ加減を自分自身に持つことです。自己管理するメンタルは、家に引きこもってばかりいるのはよくないから、「毎日30分は外出して身体を動かそう」と自分の体調を管理することも含みます。

たとえば、これまで、朝8時の電車に乗り、9時にコーヒーを飲み、10時になったら外回りに出かけ……というスケジュールを自然とこなしていた人は、意識していなくても、会社に行く道すがら、そして外回り時に外の空気を吸い、太陽の光を浴びていました。

でも在宅では、そういったルーティンが一気に崩れます。

決められた時間に決められた仕事をすることや、集団行動に慣れてきた人は、これからはすべて自分で決めていく必要があります。

新しい働き方のワークライフバランスは「自立」といえるでしょう。

働き続けるのではなく、メリハリをつけて働くスタイルを構築したり、通勤に代わるものや外回り営業に代わるものは何か？を考えたりしていくのです。

外回りは取引先に向かうことがメインの目的ですが、その途中の街並みや店などを見ながら世の中の動きやトレンドなどを情報収集できる場でもありました。
その代わりを果たすものを取り入れる必要もあるでしょう。

注意したいのは、クリエイターや個人事業主のように、昼間寝て、夜働くというライフスタイルをサラリーマンが行なうこと。おそらく身体を壊します。それに、子どもが学校のオンライン授業を行なっている横で親が寝ているのは、賛否が分かれる「ニューノーマル」かもしれません。

そう考えると、もともとのライフスタイルをいかに再現できるか？を考えることが基本になっていくでしょう。まずは、以前の生活と今の生活を比較し、どう表現できるかを考えてみるのが効率的です。

1時間の通勤時間に代わるものをどうするか？　みんなでランチしながらコミュニケーションをはかっていたところをどう代替するか？　一つひとつ対比していくことで、自分に必要なもの、自分がこれまでやってきたことが見えてきます。

在宅ワークでも、人が人らしく生きることを心がけていきましょう。

変化を楽しんで働こう

今のように、変化の多い世の中では、仕事は少し斜に構えてとらえることも大事ではないでしょうか。

私が言うのは変かもしれませんが、「Zoomがいいよね」と言われたら、「Zoomがいいんだ！」と妄信するのではなく、「本当にZoomでいいのかな？」と、少しシニカルにとらえつつ使ってみる。

シニカルというのは決してネガティブな意味ではなく、俯瞰して冷静に見ながら、問題点があったら代替案を考えていくことです。

それこそが、混沌とした世の中を楽しみながら乗り越えるコツかもしれません。

一気に変えるのではなく、緩く変化を味わっていくのです。

真っ向から受け入れるだけではロボットと化すだけでストレスもたまります。

私はZoomの本を刊行していることもあり、Zoomの広報マンみたいに見られることもありますが、Zoom以外のWebコミュニケーションツールも使います。

相手に合わせてWebexも使いますし、YouTubeライブでの配信もウェルカムです。

ニーズに合ったものを選ぶだけです。

特に端境期には中途半端なものが出やすいので、「これがいい!」と1点集中するのは少々キケンでもあるからです。

いまどき電子手帳を持ち歩いている人はめったにいませんが、パソコンとスマホの端境期には、シャープのザウルスが大流行しました。同じように電話帳とスマホの端境期には、腕時計に電話帳機能をつけたカシオデータバンクが売れました。

ゲームもそうです。セガの歴史は迷走の歴史ともいわれています。

ですが、セガは変化を楽しみ、変わることをいとわなかったため、次第に世の中に受け入れられたのだと思います。

緩く時代に乗りながら、「それは本当にいいのかな?」と一歩引いていろいろと試してみることこそが、これからの時代にふさわしい働き方ではないでしょうか。

ワークライフシフトからマイライフシフトへ

これまでに何度も繰り返し話をしてきましたが、「就業ワーク（時間ワーク）」から「裁量ワーク」に移行するにともない、働き方も変わっていきます。

それが「オンライン化」です。リアルに行なってきたことをWebコミュニケーションツールを用いてオンラインに置き換えていく。すると、コロナ禍で制約されていたことができるようにもなりますし、さらには今までできなかったことまでできるようになる場合もあります。

次に何が残ってくるかというと、**「時間」**です。オンライン化によって移動時間がなくなった分、自分で使える時間が与えられるようになりました。それをいかに使うか？もまたひとつの課題です。自分の24時間の使い方が変わってきます。

つまり、ワークライフシフトとは、マイライフシフトでもあるのです。

働く時間や場所が決まっていたり、副業禁止だったりした、従来の慣習・慣例が次々と崩れていきました。それにいかについていけるか、自分に合ったものを見つけていくことができるかが、ワークライフシフトの勝敗を決めるかもしれません。

もちろん、ワークライフシフトの前に職業選択の自由がありますから、「決まった時間にだけ働きたい」「明るい時間にだけ働きたい」と思うのであれば、時間を基準に職を選ぶこともいいでしょう。ただ、そうなると仕事や収入が限られていくのはたしかです（その場合でも、夜にZoomを使って副業をすることで、カバーできそうですが）。

このように、24時間の使い方の可能性は無限大です。型にはまらず、できないとあきらめず、自分にフィットしたマイライフシフトをぜひ試してみてください。

おわりに

「長い間お世話になりました。よい機会なので廃業とさせていただきます」

２０２０年の6月くらいからでしょうか。馴染みの飲食店や同業の制作会社など、様々なところからこのような文面の連絡をいただくようになりました。ニュースでは、コロナ禍による倒産件数がキーワードになっていますが、私の周りでは倒産で債権者に迷惑をかける前に、律儀に自主的に清算して閉業・廃業される方が多いというのが実感です。

その結果、上記のようなご案内を何通もいただくことになるのですが、まるで定型文のようにどの案内状にも「よい機会」や「これを機に」という言葉が含まれていました。閉業や廃業は、自分の意志で仕事を止め（辞め）ますので、和製英語かもしれませんが「ワークライフエンド」です。

私はこの言葉に、なんとも言えないモヤっとした感情が湧いてくるのを否めませんでした。

働くほぼすべての人にとって、コロナ禍という環境変化は何かの「機会」となったでしょう。その機会を「エンドポイント」にするのではなく、**切り替えるための「シフトポイント」**にする心持ちになれなかったのかなというのが、どうやらこのモヤモヤした気持ちの原因でした。

もちろん一部には、将来への金銭的な不安もなく、アーリーリタイアするいい機会となった人もいるでしょう。しかし多くの方は、生活のために今回エンドを選んでも、次にはふたたび別のワークを求めているのが実情だと思います。

であれば、これまでの経歴に一区切りつけて、まったく新しいことにチャレンジする「業態変化」は大変ですし、なによりもったいない。なのに、ニュースを見るとそのような人たちの情報が次から次へと報道される。「隣の芝生は青く見える」といいますが、そういった感覚からの業態変化も幾ばくか感じざるを得ません。

過去を捨てることは簡単ですが、新たにつくることは難しい。これまで積み上げてきた経歴や実績はとても大切な資産です。この大切な資産を活かした切り替えこそが「対応変化」、つまりワークライフシフトだと考えました。

そして、オンラインコミュニケーションツールを用いることで、その一端を担うお手伝いをしたいと考えたのが、この本の企画趣旨です。

出版社も、まさにワークライフシフトの真っ最中です。そのようななか、ここまで書いてきたような想いを受け止め、企画を書籍にしていただいた皆様には感謝の念で一杯です。何より、ご縁のある様々な業種の、様々な立場の方々がワークライフシフトを実現し、その結果がこの本へとつながり、それを読者のみなさんにお読みいただけたことに喜びひとしおです。

この本は、フィクションでも未来予想でもありません。実際に私の周りで起こった変化や、対応を熟考した変化が羅列されています。

これからもコロナ禍に限らず様々な変化が続いていくでしょう。

ワークライフシフトはどんな時でも常に現在進行形です。

お読みいただいた皆さんとも、ワクワクしながらワークライフシフトを共有し続けていけたら幸いです。

木村　博史

木村博史
クリエイティブディレクター
インプリメント株式会社取締役社長(COO)

損害保険会社勤務を経て 2006 年にインプリメント株式会社取締役社長に就任。

金融・ビジネスに精通したクリエイティブディレクターとして、金融機関や大手企業を中心にマーケティングサポートや、映像の社内インフラ構築に携わる。また、マーケティングツール、映像、TV 番組・CM を数多くプロデュース。

その現場で培ったノウハウのアウトプットとして、企業の動画運用コンサルティング、全国各地での講演、雑誌への寄稿などにも精力的に取り組んでいる。

著書に『改訂 YouTube 成功の実践法則 60』『世界一やさしい ブログ× YouTube の教科書 1 年生』(共にソーテック社)『「作る」と「使う」の 2 つで変わる 動画で稼ぐ仕事術 Zoom、YouTube 時代の新しい働き方』(小社刊) などがある。


これならわかる！できる！

オンラインシフトの教科書

2021 年 8 月 20 日　第 1 版　第 1 刷発行

著　者　木村博史
発行所　WAVE 出版
〒 102-0074　東京都千代田区九段南 3-9-12
TEL 03-3261-3713　FAX 03-3261-3823
振替 00100-7-366376
E-mail: info@wave-publishers.co.jp
https://www.wave-publishers.co.jp
印刷・製本　萩原印刷

NDC335　255p　19cm
ISBN978-4-86621-358-3